空间电推进科学与技术丛书

离子电推进技术

Technology of Ion Electric Propulsion

张天平　杨福全　李　娟　江豪成　等　编著

科 学 出 版 社
北 京

内 容 简 介

本书主要内容涉及离子电推进的技术概念、技术原理、技术方法和技术应用实例等方面。全书共11章：第1章离子电推进概述；第2章离子电推进技术基础；第3章发散场放电室技术；第4章环形会切场放电室技术；第5章柱形会切场放电室技术；第6章射频放电室技术；第7章离子光学系统技术；第8章空心阴极技术；第9章离子推力器长寿命技术；第10章离子推力器可靠性技术；第11章离子电推进技术新发展。

本书适合电推进技术研究人员和工程师、高校相关专业教师和学生、航天技术爱好者等阅读，可作为科研技术人员培训和研究生教学的教材或教学参考书。

图书在版编目(CIP)数据

离子电推进技术／张天平等编著. —北京：科学
出版社，2020.5
（空间电推进科学与技术丛书）
ISBN 978 - 7 - 03 - 064774 - 0

Ⅰ. ①离… Ⅱ. ①张… Ⅲ. ①离子电流—电推进
Ⅳ. ①V514

中国版本图书馆 CIP 数据核字(2020)第 056007 号

责任编辑：徐杨峰／责任校对：谭宏宇
责任印制：黄晓鸣／封面设计：殷　靓

科学出版社 出版
北京东黄城根北街 16 号
邮政编码：100717
http：//www.sciencep.com

南京展望文化发展有限公司排版
广东虎彩云印刷有限公司印刷
科学出版社发行　各地新华书店经销

*

2020 年 5 月第 一 版　开本：B5(720×1000)
2024 年 1 月第二次印刷　印张：11
字数：206 000

定价：100.00 元
（如有印装质量问题，我社负责调换）

空间电推进科学与技术丛书
编写委员会

顾 问

戚发轫　周志成

主 编

于达仁

副主编

蔡国飙　魏延明

编 委

（以姓名笔画为序）

丁永杰　王　敏　宁中喜　成渭民　刘　辉　汤海滨
李　永　张久兴　张天平　武志文　洪延姬　曹　勇
康小明　康小录

丛书序

喷气推进通过将工质流高速向后喷出,利用动量守恒原理产生向前的反作用力使航天器运动变化,在此过程中消耗质量和能量。根据能量供应的形式,可以分为基于燃料化学能的化学推进和基于外部电能源的电推进。电推进的设想由俄国物理学家齐奥尔科夫斯基和美国物理学家罗伯特·戈达德分别在 1902 年和 1906 年提出,与传统化学火箭提出时间基本一致。但是由于其技术复杂性和空间电功率等限制,早期电推进的发展明显滞后于化学推进。20 世纪 50 年代,美国和苏联科学家对电推力器进行了理论研究,论证了空间电推进的可行性,并开始了电推进技术的工程研究。1960~1980 年是电推进技术成熟发展并开始应用的主要发展阶段,几位电推进的先驱者留下了探索的足迹。

空间飞行器对燃料消耗量非常敏感,推进器的比冲成为最重要的性能指标。化学推进受到推进剂焓能限制和耐高温材料的制约,比冲达到 340 s 水平后几乎再难以大幅度提升;电推进可以借助于外部电能,突破传统化学推进比冲的极限,目前已经很普遍地达到 1 000~3 000 s 的高比冲,并且远未达到其上限。

电推进由于其高比冲、微推力等主要特征,在长寿命卫星、深空探测、无拖曳控制等航天工程中正日益发挥极其突出的作用,成为航天推进技术的前沿,受到世界各国的重视;智慧 1 号探月卫星、隼鸟号、深空 1 号、全电推进卫星等的成功应用,标志着电推进技术逐渐走向成熟,在未来航天领域的重要性日益凸显;中国的电推进经过了漫长的发展储备期,在离子推进、霍尔推进、电弧推进、脉冲等离子体推进等方面取得了坚实的进展,2012 年实践 9 号卫星迈出了第一个空间验证的步伐,此后实践 13、实践 17 等卫星进入了同步轨道应用验证和工程实施阶段。

我国电推进的学术交流蓬勃发展,其深度、广度和影响力持续提高,电推进学会发展走入正轨,对促进电推进技术的知识共享、扩大影响、壮大队伍、加快技术进步发挥了巨大的作用。

在此背景下,我国电推进行业的发展和人才培养急需一套电推进技术领域的专业书籍,科学出版社和中国宇航学会电推进技术专业委员会合作推出了这套丛书,希望这套丛书的出版,对我国航天推进领域科学技术的发展起到推动作用。

　　丛书在编辑过程中得到北京控制工程研究所、上海空间推进研究所、兰州空间技术物理研究所、北京理工大学、北京航空航天大学、哈尔滨工业大学、空间技术研究院通信卫星事业部、航天工程大学、西安微电子技术研究所、合肥工业大学、上海交通大学等单位的大力支持,对此表示感谢。

　　由于电推进技术处于快速发展中,丛书所包括的内容来不及涵盖最新的进展,书中的不足之处在所难免,敬请广大读者和同行批评指正。

丛书编委会

2019 年 7 月

前　言

　　离子电推进是最重要的电推进类型之一,作为航天器应用的先进推进技术,它具有高的比冲和效率、精确便利的性能调控性、很好的技术成熟度和宽广的航天工程适用范围。在国际电推进技术 110 多年的历史中,离子电推进的发展始终最具代表性和领先性:1906 年提出电推进原始概念;1959 年第一次研制出考夫曼型离子电推进样机;1970 年率先开展空间轨道长期飞行验证到 1997 年开始正式应用于航天器型号,当前离子电推进技术的应用范围几乎涉及了航天任务的各个领域。

　　中国离子电推进技术的研究始于 1974 年。在过去 45 年的发展历程中,兰州空间技术物理研究所以不忘初心、锲而不舍的精神,在持续开展离子电推进基础研究和技术攻关的基础上,先后开发研制了多款离子电推进的原理样机、工程样机、飞行产品。自 2012 年以来,兰州空间技术物理研究所研制的离子电推进产品成功通过了空间飞行验证和实现了在通信卫星型号上的正式应用,为中国航天步入电推进时代做出了重要贡献。

　　建设航天强国的冲锋号已经吹响。我国航天工程发展对离子电推进的需求更加迫切,离子电推进产品在我国航天器型号的应用更广泛,离子电推进技术在我国的未来发展应持续深化,创新离子电推进技术支撑未来航天工程发展的新时代已经来临。为此,兰州空间技术物理研究所组织专家学者和工程技术人员,参与编写"空间电推进科学与技术丛书",以期能够有助于进一步推动我国离子电推进的持续蓬勃发展,支持和鼓励更多青年人投身于我国离子电推进的技术创新。

　　本书以离子电推进所涉及的技术概念、技术原理、技术方法和技术应用实例为主要内容。在本书编写中,张天平、杨福全、李娟、江豪成负责全书的策划、统筹和审定;杨福全和高俊负责第 1 章编写;赵以德、孟伟、江豪成和龙建飞负责第 2 章编写;杨福全和胡竟负责第 3 章编写;赵以德和吴宗海负责第 4 章编写;王亮和江豪成负责第 5 章编写;吴辰宸负责第 6 章编写;李娟和郭德洲负责第 7 章编写;田恺和谷增杰负责第 8 章编写;孙明明和代鹏负责第 9 章编写;代鹏和孙明明负责第 10 章编写;贾艳辉负责第 11 章编写;陈娟娟参与了第 1 章部分内容编写;宋莹莹、冯杰和刘恒负责主要符号对照表、校对和排版。

　　本书的出版,离不开众多人员的辛劳和贡献,在此表示诚挚感谢。特别感谢:"空间电推进科学与技术丛书"编委会专家对本书内容和编写质量的审查把关;兰州空间技术物理研究所耿海、田立成、郭宁、王小永、顾左、贾艳辉、唐福俊等人的修改建议。

　　限于编者自身的知识水平和写作能力,本书内容难免会有疏漏和不足之处,恳请关心和关注我国离子电推进的各界专家、学者和工程技术人员不吝批评指正。

张天平

2019 年 9 月 11 日

目　录

第3章 发散场放电室技术

第4章　环形会切场放电室技术

第5章　柱形会切场放电室技术

第6章　射频放电室技术

第7章　离子光学系统技术

第8章 空心阴极技术

第9章 离子推力器长寿命技术

第 10 章　离子推力器可靠性技术

第 11 章　离子电推进技术新发展

第1章

离子电推进概述

1.1　离子电推进及其分类

1.1.1　离子电推进的概念

　　离子电推进属于静电式电推进,其工作可分为三个相对独立的过程,即等离子体产生过程、离子引出过程与离子束流中和过程,工作原理示意图如图 1-1 所示。其中,E 表示电场强度;B 表示磁场强度;V 表示离子速度。第一个过程中,中性气体原子或分子在放电室内与激励源相互作用,工质气体被电离产生等离子体,其中的电子被阳极收集,离子向屏栅扩散进入第二个过程;第二个过程中,扩散到屏栅极表面附近的离子在栅极组件加速电场作用下聚焦引出;第三个过程中,中和器向引出的离子束发射等量电子,使最终喷出的束流呈电中性,并产生推力[1,2]。

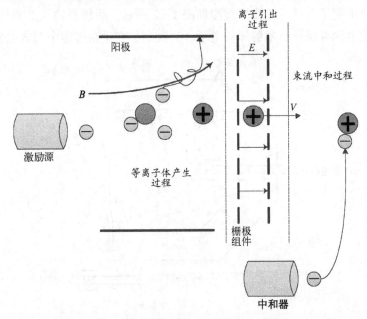

图 1-1　离子电推进工作原理示意图

正是基于离子电推进的上述工作原理,离子电推进容易实现高比冲、高效率和高工作性能调节灵活性。

（1）高比冲。离子电推进过程中电离与加速相对分离,电离放电过程与引出加速过程的耦合较弱,因此可以单纯通过加载高加速电压获得高比冲。一般加载1~10 kV 的电压,可使比冲为 3 000~10 000 s。

（2）高效率。同样由于离子电推进过程中电离与加速相对分离,放电室放电性能和栅极加速性能的提升和优化过程相互影响较小,可以各自独立地达到高效率。另外,离子电推进加速过程中离子损失较小,也是离子电推进可以实现高效率的重要因素。

（3）工作性能调节灵活性高。通过调节放电室流率、阳极电流和磁场强度可以在较大范围内改变放电室气体放电等离子体密度,通过改变束电压实现比冲调节,从而离子电推进可以灵活实现推力和比冲的连续调节。

离子电推进存在上述优势的同时,也有其不利的方面,主要有: ① 空间电荷效应下的推力密度较小;② 电源系统相对复杂;③ 制造和装配工艺要求高。

1.1.2　离子电推进的分类

1. 按照产生等离子体方式分类

按照产生等离子体的方式,离子电推进可分为直流放电型（又称电子轰击型）、射频放电型、微波放电型（又称电子回旋共振型）。

1）直流放电型

直流放电离子电推进工作原理图如图 1-2 所示。阴极在输入工质气体、加热和加载相应电源等条件下发射原初电子。原初电子在运动过程中与放电室工质气

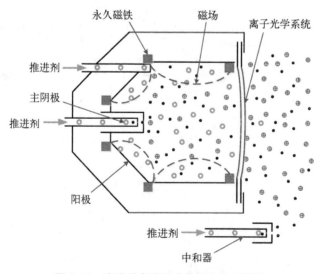

图 1-2　直流放电离子电推进工作原理图

体原子发生碰撞电离产生离子,在放电室中形成由中性原子、电子和离子组成的放电等离子体。原初电子与电离产生的二次电子,在磁场和电场的作用下做螺旋式运动最终到达阳极。磁场增加了电子的运动路程、提高了电子与原子的碰撞电离概率。离子光学系统(栅极组件)处于放电室下游,在两栅间加上高电压后形成强电场,等离子体中的离子被离子光学系统引出、聚焦、加速后高速喷出。引出的离子束流与中和器发射的电子中和,形成准中性束流。

2) 射频放电型

射频放电离子电推进基本工作原理图见图1-3。图中,E 为电场强度;A 为为加速栅;S 为屏栅;D 为减速栅。当射频离子推力器工作时,首先启动中和器,中和器进入稳定工作状态后,利用屏栅的正电位吸引中和器发射的原初电子,将其引入放电室,作为触发射频放电的原初电子。原初电子在射频功率源驱动射频天线产生的射频电磁场作用下与工质气体原子发生碰撞并使之电离形成等离子体,射频能量作为激励源与放电等离子体耦合,形成感性耦合自持放电。最后,放电室等离子体中的离子通过离子光学系统引出产生推力。

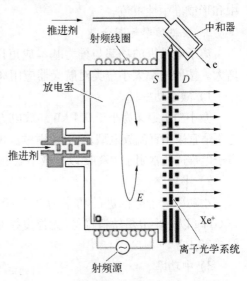

图 1-3 射频放电离子电推进工作原理图

3) 微波放电型

微波放电离子电推进工作原理如图1-4所示。采用波导管或天线将微波发

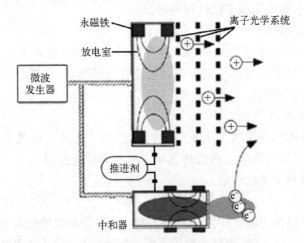

图 1-4 微波放电离子电推进工作原理图

生器产生的微波耦合到放电室,在放电室通入的工质气体中存在的少量原初电子被微波电场加速后与气体分子发生非弹性碰撞并使之电离。适当功率的微波与电子产生共振从而使气体击穿,并在微波电源稳定的能量输入下维持微波与电子共振,不断电离气体,维持稳定放电,从而在放电室中形成由中性原子、电子和离子组成的放电等离子体。磁场具有和直流放电室类似的作用。微波放电室下游的离子光学系统引出、聚焦、加速离子形成离子束流,离子束流与微波中和器发射的电子中和形成准中性束流。

2. 按照功率范围分类

离子电推进的功率与推力基本成正比,其口径、体积、质量随着功率的增加而增大。按照功率大小分类对航天器应用离子电推进提供了方便。

1) 微小功率

微小功率定义为小于 0.1 kW。放电方式对应的效率决定了微小功率离子电推进不适宜采用直流放电型,一般由射频放电型和电子回旋共振型来实现。微小功率离子电推进通常用于 100 kg 以下微小卫星的轨道控制及编队飞行位置保持等。

2) 小功率

小功率离子电推进的功率为 0.1~0.5 kW。小功率离子电推进主要应用于 1 000 kg 以下小卫星轨道维持、无拖曳控制阻尼补偿、小型通信卫星平台南北位置保持等任务。

3) 中功率

中功率离子电推进的功率为 0.5~5 kW。中功率离子电推进主要用于通信卫星平台轨道转移、位置保持,深空探测主推进等。

4) 高功率

高功率离子电推进的功率为 5~50 kW。高功率离子电推进主要应用于未来更远距离深空探测,如木星及卫星的探测等。

5) 甚高和超高功率

甚高功率离子电推进的功率为 50~500 kW,超高功率离子电推进的功率 ≥ 500 kW。甚高和超高功率离子电推进目前正在发展阶段,主要应用于未来空间运输、载人深空探测等领域。

3. 按照比冲范围分类

离子电推进的比冲反映了工质气体(推进剂)产生推力的效率。完成同样任务,比冲高的离子电推进推进剂消耗量小。离子电推进按照比冲大小分类便于航天器根据有效载荷比优化选取。

1) 低比冲

低比冲离子电推进的比冲为 1 000~3 000 s。尽管高比冲是离子电推进的突出优势,但是在航天器快速机动和变轨等需要大推力的场合,可以适当降低比冲以实现更大推力。

2）中比冲

中比冲离子电推进的比冲为 3 000～5 000 s。目前,已经或正在应用的离子电推进基本属于这个比冲范围,应用最多的就是同步轨道轨道转移、位置保持,此外,其在深空探测、低轨无拖曳控制等方面也可以得到应用。

3）高比冲

高比冲离子电推进的比冲为 5 000～7 000 s。近年来,高比冲离子电推进已经得到较快发展,未来其将主要应用于较远距离的深空探测航天器、新一代先进的同步轨道卫星等领域。

4）甚高和超高比冲

甚高比冲离子电推进的比冲为 7 000～9 000 s,超高比冲离子电推进的比冲> 9 000 s。甚高和超高比冲离子电推进正在发展中,一般采用双级或多级引出加速技术来实现,主要应用于未来星际探测等领域。

4. 按照离子光学系统组成分类

1）单级加速

单极加速离子光学系统包括双栅极和三栅极组件,双栅极由屏栅和加速栅组成,三栅级由屏栅、加速栅和减速栅组成。单级加速离子光学系统的屏栅电压一般不超过 2 000 V,相应的比冲不超过 5 000 s。

2）双级加速和多级加速

双级加速离子光学系统由屏栅、引出栅、加速栅和减速栅组成。多级加速离子光学系统由屏栅、多个引出栅、加速栅和减速栅组成。根据不同比冲需求,双级加速和多级加速总加速电压可达几千伏甚至上万伏。

离子光学系统采用不同组成形式的目的就是满足不同比冲和寿命要求。

5. 按照放电室磁场构型分类

按照放电室磁场构型离子电推进可分为发散场、柱形磁铁会切场(简称柱形会切场)、环形磁铁会切场(简称环形会切场)等。其中,发散场以英国 T5 和 T6 离子推力器为代表;柱形磁铁会切场以我国 LIPS－200 离子推力器为代表;环形磁铁会切场以美国 XIPS－25(xenon ion propulsion system)和 NEXT(NASA's evolutionary xenon thruster)离子推力器为代表。

1.2　离子电推进系统

1.2.1　直流放电离子电推进基本系统

直流放电离子电推进基本系统包括直流放电离子推力器、电源处理单元、推进剂贮供单元和控制单元,如图 1－5 所示。控制单元根据上位机指令向电源处理单元和推进剂贮供单元发出相应的控制指令,同时采集电源处理单元和推进剂贮供单元的工作参数信号,从而向直流放电离子推力器提供工作所需的电流、电压和工质气体流率,保证离子电推进基本系统按照航天器要求工作。对于直流放电离子电推进基本系统,电源处理单元应包括阳极电源、阴极触持电源、阴极加热电源、阴极点火电源、屏栅电源、加速电源、中和器触持电源、中和器加热电源、中和器点火电源,如果采用电磁场,还应包括励磁电源。推进剂贮供单元应包括氙气瓶、压力调节模块和流量调节模块,向直流放电离子推力器提供三路供气,分别是阴极供气、阳极供气和中和器供气。

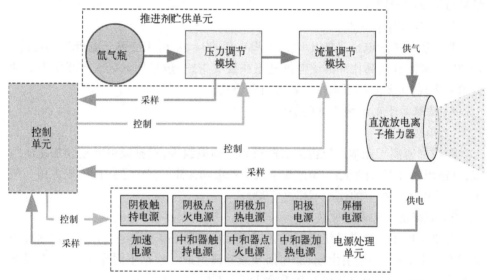

图 1 - 5　直流放电离子电推进基本系统示意图

1.2.2　射频放电离子电推进基本系统

射频放电离子电推进基本系统组成如图 1 - 6 所示。系统工作机制与直流放电离子电推进基本系统基本相同。但是由于等离子体产生方式的不同,射频放电离子电推进基本系统电源处理单元的放电电源部分与直流放电离子电推进基本系统有较大差异。电源处理单元组成包括射频驱动器及其匹配网络、屏栅电源、加速电源、中和器电源。推进剂贮供单元只有两路供气,分别是阳极供气和中和器供气。

1.2.3　微波放电离子电推进基本系统

微波放电离子电推进基本系统组成如图 1 - 7 所示。其系统工作机制与直流放电离子电推进基本系统基本相同。由于放电室气体电离和中和器气体电离的电源为微波电源,电源处理单元由微波电源、屏栅电源和加速电源组成。推进剂贮供

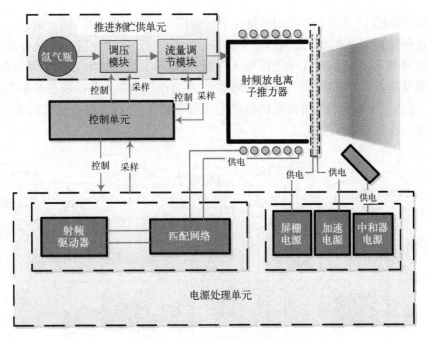

图 1-6　射频放电离子电推进基本系统组成示意图

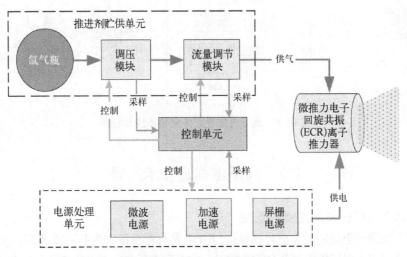

图 1-7　微波放电离子电推进基本系统组成示意图

单元只有两路供气,分别是阳极供气和中和器供气。

1.2.4　工程应用离子电推进系统

在实际工程应用中,针对不同应用任务并考虑寿命、可靠性等因素,离子电推进系统由多台推力器组成,并且各单机一般都有冗余备份。离子电推进冗余备份系统组成如图1-8所示。在正常情况下只需要2台推力器工作,同一组的2个电源处理单元和2台推力器之间可以互相切换。系统工作过程如下:卫星母线给电推进控制单元、电源处理单元提供输入电源;控制单元给推进剂贮供单元自锁阀、电磁阀及流量调节模块供电;电源处理单元、推进剂贮供单元各模块在控制单元控制下,按照程序要求给推力器提供各路电源和各路供气;推力器在正常供电、供气下产生任务所需的推力。

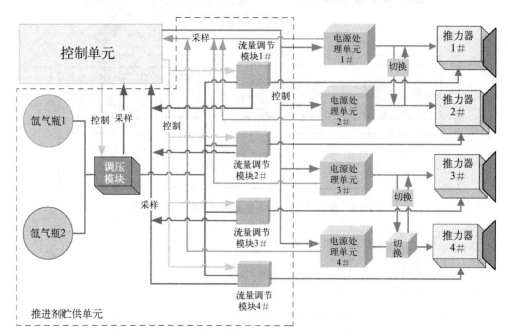

图1-8　离子电推进冗余备份系统示意图

1.3　离子电推进技术发展

1.3.1　离子电推进技术概述

广义的离子电推进技术应包括系统以及组成系统的各功能单机技术,狭义的离子电推进技术仅指离子推力器及其相关技术。本书侧重于介绍狭义的离子电推进技术。

如前文所述,离子电推进工作分为三个相对独立的过程,因此离子电推进技术也可以分为电离放电技术、离子聚焦引出技术和束流中和技术,与之对应形成放电室技术、栅极技术、阴极技术以及相关的数值计算技术。

放电室技术涉及以提高电离效率为主要目标的物理参数和结构参数设计技术。从放电室类型来分有直流放电室技术、射频放电室技术和微波放电室技术等;以内部功能来分有磁场设计技术、结构参数设计技术、工作参数优化技术等。

栅极技术主要涉及离子束引出能力、栅极寿命以及与放电室耦合等方面的技术。其具体包括材料与工艺、结构设计、工作参数设计等技术。

离子电推进技术中的阴极技术专指空心阴极技术。阴极技术主要是关于电子发射能力、阴极寿命以及与放电室、离子束耦合等方面的技术。其具体包括材料与工艺、结构设计、工作参数设计等技术。

离子电推进数值计算涉及以优化工作性能为目标的等离子体行为和参数仿真计算技术。根据其不同工作区域可分为阴极数值计算、放电室数值计算、离子光学系统束流引出数值计算和羽流区数值计算模拟技术等。

1.3.2　放电室技术发展

1. 发散场放电室

1960 年美国科学家考夫曼(Kaufman)开发的第一台电子轰击式离子推力器采用发散场直流放电室,早期发散场直流放电室放电性能都较差,效率较低。在早期放电室基础上,各国科学家和工程师经过不断地理论研究、试验探索,对发散场放电室进行了较大改进和优化,性能显著提升。

国内外发散场直流放电室的发展经历了从小功率到相对高功率的过程,同时由于磁场结构简单,采用电磁场可以很方便地进行推力连续调节,因此在单点工作模式基础上发展了连续调节模式放电室。英国从 20 世纪 70 年代至今,先后发展了 T1~T6 系列发散场离子推力器,从汞推进剂过渡到氙推进剂,其中,T5 和 T6 都是电磁场连续调节模式离子推力器,分别在地球低轨道 GOCE(gravity field and steady-state ocean circulation explorer)任务和水星探测 BepiColombo 任务中得到了成功应用[3]。国内兰州空间技术物理研究所先后发展了 8 cm 汞离子推力器和 10 cm 氙离子推力器,其中的 10 cm 氙离子推力器为连续调节模式,将应用于重力梯度测量卫星等任务。

2. 会切场放电室

由于发散场直流放电室结构的限制,进一步改善等离子体均匀性和放电效率变得比较困难。自 20 世纪 80 年代开始,通过对放电室磁场构型进行较大改进,发展了直流放电会切场放电室,大幅改善了离子体均匀性,提高了放电效率[4,5]。

近 30 年来,国内外相继发展了从几百瓦到几十千瓦的会切场放电室离子推力器,工作模式从单点模式扩展到双模式、三模式或多模式,综合性能也不断提升。例如,美国先后发展了 XIPS-13、XIPS-25、NSTAR(NASA solar electric propulsion technology applications readiness)、NEXT 等直流放电环形会切离子推力器。兰州空间技术物理研究所发展了 LIPS(Lanzhou ion propulsion system)-200、LIPS-300 和 LIPS-400 系列直流放电会切场离子推力器。

3. 无电极放电室

由于具有放电室无电极(空心阴极)腐蚀(寿命限制)的优势,德国和日本一直

致力于射频放电室离子推力器和微波放电室离子推力器的研究。其中,日本的
μ10微波离子推力器取得了多次空间飞行应用的成功。与直流放电室离子推力器
相比,射频放电室离子推力器和微波放电室离子推力器在小功率方面的综合性能
具有明显优势,因此采用这两种类型放电室的离子推力器在小功率离子电推进方
面将有较好的发展前景。

放电室技术发展到今天,各种构型的放电室技术以及以磁场为核心的性能优
化已经达到相当高的水平,束流平直度可达到70%以上,放电损耗最低可小于
120 W/A。根据对未来需求的分析可知,离子推力器放电室技术将向着高等离子
体密度和大口径方向发展。近年来,已经出现矩形放电室和环形放电室,它们的特
点是放电室等离子体均匀性较好、密度较高,在同等面积下可以引出更大的束流。

1.3.3   离子光学系统技术发展

离子光学系统实现了从放电室等离子体边界抽取、加速、聚焦形成离子束的功
能。它与离子推力器推力、比冲和寿命指标的实现直接相关。伴随着放电室性能
的提升,离子光学系统也经历了不断改进升级的发展过程,主要体现在栅极组成方
式、栅极材料、栅极的小孔孔径与排列方式、结构和安装连接方式等方面。

1. 组成

按照组成方式,离子光学系统(栅极组件)可分为单栅极、双栅极、三栅极和多
栅极。在栅极技术发展过程中,单栅极由于诸多局限,只是昙花一现。双栅极结构
简单、可靠性高,但是对于要求实现高比冲和高束流密度的推力器,加速栅寿命受
到影响。为了使加速栅寿命更长,可采用三栅极结构,但三栅极结构复杂,热变形
的控制以及小孔对准性的实现难度比较大。由于各有优缺点,从离子推力器技术
发展历史来看,双栅极和三栅极结构一直并驾齐驱[6,7]。

对于更高比冲离子推力器,目前的单级加速(双栅极或三栅极)已无法实现
其性能,需要采用双级加速或多级加速。国内正在研制的10 cm双级加速四栅
极射频离子推力器,英国研制的DS4G(dual stage 4 grid ion thruster)离子推力器
属于双级加速离子推力器。双级加速或多级加速离子光学系统目前处在发展
阶段。

2. 材料

离子光学系统使用的材料在不断进步,起初栅片使用不锈钢、钛合金和钼,后
来几乎全部被热稳定性好的钼所替代。起初栅极安装环使用不锈钢、钛合金、精密
合金(4J33)、钼等材料,目前应用的离子推力器栅极安装环基本采用精密合金
(4J33)和钼。随着空间应用任务对离子推力器可靠性和寿命的要求不断提高,碳
基材料栅极逐渐成为研究热点。相比传统金属钼,碳基材料具备较低的热膨胀系
数和较强的耐离子溅射性,是离子推力器栅极组件的理想材料。

美国针对 20 kW NEXIS(nuclear electric xenon ion thruster system)离子推力器样机研制了 57 cm 大直径碳碳复合材料(C-C)球面双栅极组件,针对 HiPEP(high power electric propulsion)推力器研制了 41 cm×91 cm 矩形平面热解石墨双栅极组件。英国在 T5 推力器上将钼三栅极结构改为加速栅是石墨材料的双栅极结构,随后开发的 T6 推力器也采用相同方案。日本的 μ10 推力器离子光学系统为 C-C 双栅极,已经在隼鸟-Ⅰ和隼鸟-Ⅱ小行星探测器上飞行成功。未来针对更大功率和更长寿命需求,碳基材料栅极的工程化研制和应用将成为一种必然发展趋势。

3. 孔径和排列

从栅极孔径、排布方式来看,早期同心圆阵列和正六边形阵列均有采用。正六边形阵列能保证孔与孔之间的距离相等,同心圆阵列能保证径向方向的孔间距相等,周向方向的孔间距近似相等。正六边形阵列排布方式孔的个数要比按同心圆阵列排布的个数多,透明度较高。目前,应用的离子光学系统栅极孔普遍采用正六边形阵列排布方式。

在孔径的选择上,早期有小孔径和大孔径两种选择,例如,20 世纪 70 年代,美国的 30 cm 汞离子推力器屏栅采用两种极孔径 1.90 mm 和 4.0 mm 进行过研究。目前,应用的离子推力器屏栅极基本都采用 1.90 mm 左右孔径。大孔径栅极束流引出能力更强,但是对放电室工质利用率和栅极结构强度及刚度有较大影响。对于更高功率、更高束流密度的离子推力器,采用大孔径栅极会带来很大好处,美国针对 HiPEP 推力器研制的 41 cm×91 cm 矩形平面石墨栅极采用了大孔径。

4. 结构与安装

从结构形式上来看,早期的离子光学系统由于口径小、束流密度小,采用平面栅,安装结构也比较简单。随着平面栅的热稳定性比较差、栅极间对准性很难保证等问题的凸显,很快就被圆盘形抛物面栅极取代,由此发展出凸面和凹面两种栅极形式。目前,应用最多的还是凸面栅极,如美国、中国的系列离子推力器大多采用此形式;凹面栅极的应用实例为英国的 T5、T6 离子推力器。

在安装方式上,为了提高栅极工作的可靠性和结构稳定性,栅极组件大多由原来的固定安装方式改进为不同程度地采用应力释放结构的安装方式,包括在栅面边缘上开槽、柔性安装以及在安装环上开应力释放槽等。

1.3.4　空心阴极技术发展

空心阴极是一种依靠气体放电等离子体实现热电子发射过程的特殊阴极电子源,最早于 20 世纪 60 年代由美国国家航空航天局(National Aeronautics and Space Administration, NASA)下属的刘易斯研究中心(Lewis Research Center)和休斯研究实验室(Hughes Research Laboratories)引入空间电推进领域,作为汞离子推力器的中和器使用。

　　为了适应电推进技术发展对空心阴极发射电流、工作需求和可靠性等方面提升的需求,多年来各国研究人员在阴极结构、发射体材料和热设计等方面进行了不断地改进,形成了以钡钨空心阴极和六硼化镧空心阴极为两大代表的离子电推进阴极类型。

1. 钡钨空心阴极

　　目前,离子电推进钡钨空心阴极是在早期的汞离子推力器空心阴极的基础上发展而来的。为满足 SERT－Ⅱ汞离子推力器主阴极和中和器的要求,列维斯研究中心将阴极管改为钽管,阴极顶改为含 2%钍的钨合金,通过电子束焊接连接,发射体为卷制钽箔涂敷钡、锶、钙碱金属碳酸盐混合物,空心阴极热子为缠绕在阴极管外部的钨铼丝,热子外缠绕钽箔作为热屏,在阴极顶外部安装细钽丝线圈作为点火电极和触持极。空心阴极点火加热温度约 1 100℃,发射电流为 0.1~3 A。

　　20 世纪 70 年代末,多孔钨基体浸渍三元碳酸盐的钡钨发射体开始应用于离子电推进空心阴极中,对加热器、阴极顶起到防护作用的封闭式触持极技术也引入空心阴极组件设计方案中,有效减少了等离子体对关键结构的溅射腐蚀。美国首先认识到空心阴极放电点状模式和羽状模式与阴极磨损速率存在关联。列维斯研究中心改进了钡钨加热器技术方案,采用钽加热丝的高温铠装加热器技术,并通过了 SIT－5(structurally integrated ion thruster)汞离子推力器 20 000 h 寿命考核试验[8]。

　　在 20 世纪 90 年代后,美国 NASA 针对空间站等离子体接触器、中高功率离子推力器需求,研制了系列化钡钨空心阴极,其所用的空心阴极技术方案近似,除了 NEXT 离子推力器主阴极使用石墨触持极外,其他均采用钼材料触持极,抗溅射能力更强;阴极管采用钼铼合金材料,钼铼合金的显著特点是高温条件下强度高,使得阴极结构对大发射电流性能适应性更强。发射体均采用三元铝酸盐(摩尔比 4∶1∶1)贮备式钡钨发射体,加热器采用钽丝铠装加热器,绝缘材料为氧化镁,NEXT 离子推力器空心阴极寿命达到 50 000 h,达到了目前离子电推进及空心阴极技术的国际最高水平。

2. 六硼化镧空心阴极

　　20 世纪 60 年代,六硼化镧空心阴极由苏联引入空间电推进领域,作为 SPT(stationary plasma thruster)霍尔推力器的空心阴极使用,并于 1971 年首次实现空间应用。苏联早期研制的六硼化镧空心阴极的筒形六硼化镧发射体位于阴极管端部,加热丝缠绕在阴极管外部,主要依靠辐射加热方式预热发射体,热屏包裹在辐射加热丝外部,点火电极(触持极)安装在最外层。这种六硼化镧空心阴极没有阴极顶和节流孔,发射体下游端面受离子轰击作用较为严重,一般工作寿命在 10 000 h 以内,点火启动次数在 5 000~10 000 次,可以满足霍尔推力器的技术要求。

　　21 世纪以来,NASA 喷气推进实验室(Jet Propulsion Laboratories, JPL)研制的

大发射电流六硼化镧空心阴极主要由发射体、阴极顶、阴极管、铠装加热器等组成，阴极顶采用再结晶温度高、耐溅射能力强的高纯钨材料，阴极管材料为钼铼合金，发射体圆筒嵌入阴极管内部，并通过钨弹簧定位，与阴极管之间用石墨隔离。铠装加热器的加热丝采用钽丝，绝缘材料采用氧化铝陶瓷，安全工作温度为 1 800℃，满足六硼化镧空心阴极启动要求。阴极体外部热屏材料为多层钽箔，触持极材料为耐溅射石墨材料，设计寿命可达 30 000 h 以上[9]。

对于六硼化镧空心阴极，由于其工作温度在 1 800 K，除了上述辐射加热器、铠装加热器技术方案外，组装式加热器也是比较常用的技术方案。

1.3.5　数值计算与仿真技术发展

1. 计算模拟方法

从 1978 年发展至今，形成了研究等离子体过程的流体描述方法和动力学描述方法。流体描述方法从宏观角度研究等离子体大范围、长时间性质，将微观得到的参数作为已知条件，数值求解其流体控制方程。动力学描述方法主要分为两种：一种是 Vlasov 方程或者 Fokker-Planck 方程的求解，由于存在一个多维相空间的分布函数，数值求解一般比较困难，须进行离散化处理，这样容易造成非物理失真；另一种是粒子模拟方法，即在高速计算机上通过跟踪大量微观粒子的运动，再对其进行统计平均得到宏观下的物理特性和运动规律。此外，粒子模拟方法与流体描述方法结合，则构成混合模拟方法[10,11]。

对等离子体来说，流体力学方程基本上是 Vlasov 方程的前几阶矩方程，是 Vlasov 方程对速度空间做平均的结果，因此必须适当地假定速度空间分布函数以及局域输运系数才能建立。这使得流体力学模拟中不能包含各种动力学和非局域效应。动力学描述方法是严格和自洽的，然而由于 Vlasov 方程是 3+2 维度的，其直接数值求解远远超出现阶段计算机的能力。此外，无论是流体描述方法还是直接处理 Vlasov 方程，还存在一些与数值方法相关的困难，其中之一与数值耗散效应有关。非线性双曲线型方程的数值求解很容易带来数值振荡，在间断面附近尤其明显；而为了消除这种振荡，维持计算的稳定性，通常需要在求解中引入人为阻尼，而这种人为阻尼常常会影响到一些小尺度过程的正确建模。作为 Vlasov 方程问题的一种折中手段，粒子模拟方法是较为成熟的手段之一。粒子模拟方法又分为直接模拟蒙特卡罗（direct simulation Monte Carlo, DSMC）方法、粒子云（particle-in-cell, PIC）方法和粒子云-蒙特卡罗（particle-in-cell with Monte-Carlo collision, PIC/MCC）方法。

2. 放电室

早期放电室数值模拟主要集中在无其他粒子存在下的原初电子运动特性研究。之后在模型中加入工质气体中性原子，采用蒙特卡罗碰撞（Monte-Carlo collision, MCC）方法来模拟电子和原子之间的碰撞，在此期间开发了一套专门用于研究放电室内原初电子运动特性的计算机软件。但事实上对于离子推力器,放电室最关注的是离子的产生及其运动特性,2005 年 Mahalingam 提出采用 PIC/MCC方法来模拟受电磁场作用下的原初电子、二次电子、离子的运动行为。相比离子推力器其他组件几何结构尺寸,放电室最长,若要采用全粒子模拟方法模拟带电粒子,则计算时长无法估计,对计算机的计算能力要求很高,这在很大程度上限制了全粒子模拟方法在放电室数值模拟中的应用。这也是后来混合模拟方法在放电室模拟中得到广泛应用的根本原因[12,13]。针对该问题还有一个解决措施是,在保证放电室重要物理参数(如克努森数等)不变的前提下,缩短放电室长度、宽度来减少计算时长。

3. 离子光学系统

通常在离子光学系统栅极组件数值模拟过程中采用流体方法来模拟反流电子,PIC 方法跟踪离子运动,而离子和工质气体中性原子之间的碰撞采用 MCC 方法来处理。

栅极组件数值模拟始于 20 世纪 90 年代初期,刚开始主要是针对双栅极单孔的束流离子聚焦、加速和引出过程进行模拟。之后在模型中增加了对双栅极栅孔对中性的考虑,这在一定程度上完善了栅极组件计算模型。后来逐渐开发了三维数值模型,在对束流离子聚焦、电子反流特性研究的同时,还模拟交换电荷(charge exchange xenon, CEX)离子的产生及其运动行为,通过研究可明确 CEX 离子造成栅极组件失效的工作机制,得到推力器工作几千小时后加速栅孔壁和后壁面出现的凹坑和凹槽[14-16]。之后,三维仿真计算模型和混合模拟方法都应用于三栅极束流离子引出和加速栅受高能离子溅射、刻蚀的研究中。

以上研究均只针对栅极组件单个栅极孔而言,由于离子推力器栅极一般具有几千或上万个栅极孔,如果都对其进行模拟,现有常规计算机能力根本达不到。2006 年 Emhoff 提出一种离子推力器总性能模拟方法,首先计算栅极不同半径位置处的单孔性能,不同半径位置所引起的差异主要包括引出束流大小与栅极几何参数,假设不同位置处单孔性能在半径方向上呈线性分布,之后再通过积分的方法得到总性能参数。

4. 羽流

推力器羽流区与放电室一样,其中包含各种粒子,包括一价离子、二价离子、极少量多价离子、从推力器出口渗漏的工质中性气体原子和中和器发射的电子。初期羽流数值模拟主要研究等离子体分布和电势分布特性,之后加入了等离子体与航天器表面相互作用模型。考虑到推力器远场羽流区几何结构尺寸和计算机计算能力,混合模拟方法成为研究羽流等离子体与航天器作用的最主要手段。电子采用流体描述方法,带电粒子的运动利用 PIC 方法跟踪得到,工质气体中性原子和原子间碰撞采用 DSMC 方法,带电粒子和工质气体中性原子之间碰撞用 MCC 方法处理[17,18]。

　　2004 年,Matsushiro 在羽流与航天器相互作用模型中引入了"虚拟实验室"概念,使用者只需提供羽流物理参数和航天器结构参数,"虚拟实验室"自动使用粒子方法对模型进行计算,并输出结果,该方法可用于模拟更为复杂的推力器结构。

参考文献

[1] Kaufman H R. Technology of electron-bombardment ion thrusters [J]. Advances in Electronics and Electron Physics, 1974, 36: 265 – 373.

[2] Dan M G, Ira K. Fundamentals of electric propulsion: ion and hall thrusters [M]. New York: Wiley, 2008.

[3] Wilbur P J, Rawlin V K, Beattie J R, et al. Ion thruster development trends and status in the United States [J]. Journal of Propulsion and Power, 1998, 14(5): 1542 – 1551.

[4] Goebel D M, Polk J E, Sengupta A. Discharge chamber performance of the NEXIS ion thurster [C]. Florida: 40th AIAA Joint Propulsion Conference, 2004.

[5] Ogunjobi A, Menart A. Computational study of magnet placement on the discharge chamber of an ion engine [C]. California: 42nd Joint Propulsion Conference, 2006.

[6] 郭德洲,顾左,郑茂繁,等. 离子推力器碳基材料栅极研究进展[J]. 真空与低温,2016,22 (3): 125 – 131.

[7] Willbur P J, Farnell C C, Williams J D. Ion thruster optical performance enhancement via ion-emissive-surface shaping [C]. Princeton: 29 th International Electric Propulsion Conference, 2005.

[8] 郭宁,唐福俊,李文峰. 空间用空心阴极研究进展[J]. 推进技术,2012,33(1): 155 – 160.

[9] Storms E, Mueller B. A study of surface stoichiometry and thermionic emission using LaB6 [J]. Journal of Applied Physics, 1979, 55: 3691 – 3698.

[10] Katz I, Anderson J, Polk J, et al. Model of hollow cathode operation and life limiting mechanisms [C]. Toulouse: 28th International Electric Propulsion Conference, 2003.

[11] Peng X, Keefer D, Ruyten W M. Plasma particle simulation of electrostatic ion thrusters [J]. Journal of Propulsion and Power, 1992, 8(2): 361 – 366.

[12] Arakawa Y, Nakano M. An efficient three dimensional optics code for ion thruster research [C]. Florida: 32nd Joint Propulsion Conference, 1996.

[13] Arakawa Y, Yamada T. Monte Carlo simulation of primary electron motions in cusped discharge chambers [C]. Florida: 21st International Electric Propulsion Conference, 1990.

[14] Wirz R, Katz I. 2 – D discharge chamber model for ion thrusters [C]. Fort Lauderdale: 40th Joint Propulsion Conference and Exhibit, 2004.

[15] Peng X, Ruyten W M, Keefer D. Monte Carlo simulation of ion-neutral charge exchange collisions and grid erosion in an ion thruster [C]. California: 27th Joint Propulsion Conference, 1991.

[16] Brophy J R, Katz I, Polk J, et al. Numerical simulations of ion thruster accelerator grid erosion [C]. Indiana: 38th Joint Propulsion Conference, 2002.

[17]   Samanta R I, Hastings D E, Gatsonis N A. Modeling of ion thruster plume contamination [C]. Indiana: 30th Joint Propulsion Conference, 1994.

[18]   Samanta R I, Hastings D E, Gatsonis N A. Numerical study of spacecraft contamination and interactions by ion-thruster effluents [J]. Journal of Spacecraft and Rockets, 1996, 33(4): 535 – 542.

第 2 章
离子电推进技术基础

2.1 离子电推进的性能参数

2.1.1 离子电推进工作的数理模型

离子电推进工作的数理模型的建立,需要全面了解离子推力器工作中粒子之间碰撞、电磁场与离子和电子之间相互作用、不同能量之间转化等过程,其中每个原子、离子和电子微观运动和集体运动都应遵守质量守恒、电流守恒、能量守恒等基本物理规律[1]。

1. 离子推力器工作过程描述

首先,给阴极、中和器和放电室输入工质气体,随后对阴极和中和器的发射体加热,当阴极发射体温度达到热电子发射温度时,加载阴极点火电源和触持电源。在阴极发射体与触持极之间的电场作用下,阴极发射体发射的电子向触持极运动,电子在运动过程中与工质气体发生碰撞使工质气体电离成正离子,离子在阴极发射体与触持极之间的电场作用下,向阴极发射体运动,并轰击阴极发射体,在阴极发射体表面形成电能到热能的转化,以维持阴极发射体热电子的发射温度,此时关断阴极加热电源后,阴极将维持热电子发射放电状态(称自持放电),从而完成了阴极的点火过程。

其次,接通阳极电源,放电就扩展到整个放电室,这样就在放电室内形成由中性原子、电子和离子组成的放电等离子体。在放电室内,阴极发射的原初电子和电离产生的二次电子,在磁场和电场的作用下以磁力线为导轴做螺旋运动。磁场增加了电子的运动路程,提高了电子与原子碰撞电离的概率[2,3]。

最后,加载束流引出电源。放电室下游的栅极组件所加电压使屏栅极孔中的电位低于屏栅极电位,而屏栅极电位较等离子电位稍低(3~5 V),因此放电室等离子体中的电子不能打到屏栅极上,也不能通过屏栅极孔和加速栅极孔逃出,电子基本上由阳极收集。而等离子体中的离子,在屏栅极和加速栅极组成的离子光学系统作用下,被聚焦、加速和定向引出,引出的离子束流与中和器发射的电子中和,形成准中性束流。根据动量守恒定律,高速引出的离子产生反作用推力,从而以工质气体作为传递介质实现了电能到动能的转化[4-9]。图 2-1 给出离子推力器工作原理示意图。

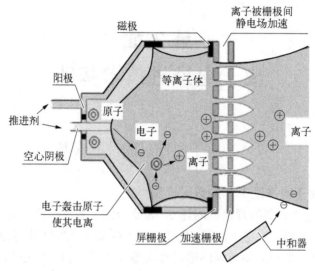

图 2-1　离子推力器工作原理示意图

2. 基本数理模型

根据系统能量守恒,可以得到注入等离子体区的电能等于以带电粒子和热辐射形式流出的能量[1-14]。注入等离子体的能量引起中性气体的电离和激发,并加热电子,同时电子和离子分别与壁面和栅极的碰撞造成部分能量在壁面沉积。

注入放电室的能量等于

$$P_\mathrm{d} = I_\mathrm{p}U^+ + I^*U^* + I_\mathrm{i}\varepsilon_\mathrm{i} + I_\mathrm{e}\varepsilon_\mathrm{e} \qquad (2-1)$$

式中,U^+ 为工质气体的电离电势;U^* 为气体的激发电势;ε_i 为单位时间内单位电荷离子和阳极壁面碰撞时沉积在阳极的平均能量;ε_e 为单位时间内单位电荷电子与阳极壁面碰撞时从等离子体中带走的平均能量;I_p 为中性气体的电离速率等效电流;I_e 为被阳极壁面吸收的电子电流;I_i 为在阳极壁面复杂的离子电流;I^* 为中性气体的激发速率等效电流,可以由式(2-2)得

$$I^* = \sum_j n_\mathrm{e} n_0 e \langle \sigma_* v_\mathrm{e} \rangle_j V \qquad (2-2)$$

式中,σ_* 为激发截面,$\langle \sigma_* v_\mathrm{e} \rangle_j$ 为反应速率系数,由电子分布函数以及所有可能的激发能级 j 进行平均得到;n_e 为等离子体电子密度;n_0 为中性原子密度;V 为放电室体积;e 为原电荷量。

离子在放电室内由电子的轰击产生,其离子产生速率等效电流为

$$I_p = n_0 n_e e \langle \sigma_i \nu_e \rangle V \qquad (2-3)$$

式中，n_0 为中性气体密度；n_e 为等离子体电子密度；σ_i 为电离截面面积；ν_e 为电子速度；$\langle \sigma_i \nu_e \rangle$ 为反应速率系数。

放电室等离子体中的离子主要流入栅极，到达屏栅的电流大小近似为玻姆电流：

$$I_i = \frac{1}{2} n_i e v_a A_{grid} \qquad (2-4)$$

式中，n_i 为电离室中心的离子密度；v_a 为离子声速；A_{grid} 为栅极的面积。

束流 I_b 等于到达栅极的总的离子电流乘以栅极的离子透明度 T_g，这里假设离子轰击加速栅极或减速栅极产生的电流损失很小，可忽略。

$$I_b = \frac{1}{2} n_i e v_a A_{grid} T_g \qquad (2-5)$$

假定电子的平均约束时间为 τ

$$\tau = \frac{2V}{v_a A_a} \qquad (2-6)$$

式中，A_a 为电子损失面积；V 为放电室体积。

离开等离子体区域的电子电流

$$I_e = \frac{n_e e V}{\tau} \qquad (2-7)$$

离开等离子体区与壁面碰撞的电子携带的平均能量

$$\varepsilon_e = \frac{2kT_e}{e} + \phi \qquad (2-8)$$

式中，ϕ 为等离子体相对于壁面的电势差；T_e 为电子温度。

离子经过预鞘层的加速后，在鞘层边界具有玻姆速度，通过鞘层被进一步加速。从等离子体区流出的离子平均能量为

$$\varepsilon_i = \frac{kT_e}{2e} + \phi \qquad (2-9)$$

假设放电室等离子体呈中性，则可以得到相对于壁面的等离子体电势为

$$\phi = \frac{kT_e}{e} \ln \left(\frac{A_a}{A_{grid}} \sqrt{\frac{2m_i}{\pi m_e}} \right) \qquad (2-10)$$

得到输入放电室功率为

$$P_{\mathrm{d}} = n_0 n_{\mathrm{e}} e \langle \sigma_{\mathrm{i}} \nu_{\mathrm{e}} \rangle V \left(U^+ + \frac{\langle \sigma_* \nu_{\mathrm{e}} \rangle}{\langle \sigma_{\mathrm{i}} \nu_{\mathrm{e}} \rangle} U^* \right) + \frac{1}{2} n_{\mathrm{i}} e \nu_{\mathrm{a}} A_{\mathrm{grid}} \left[\frac{kT_{\mathrm{e}}}{2e} + \frac{kT_{\mathrm{e}}}{e} \ln \left(\frac{A_{\mathrm{a}}}{A_{\mathrm{grid}}} \sqrt{\frac{2m_{\mathrm{i}}}{\pi m_{\mathrm{e}}}} \right) \right]$$

$$+ \frac{n_{\mathrm{e}} V}{\tau} \left[\frac{2kT_{\mathrm{e}}}{e} + \frac{kT_{\mathrm{e}}}{e} \ln \left(\frac{A_{\mathrm{a}}}{A_{\mathrm{grid}}} \sqrt{\frac{2m_{\mathrm{i}}}{\pi m_{\mathrm{e}}}} \right) \right] \qquad (2-11)$$

式中，n_0 为中性气体密度；n_{e} 为等离子体电子密度；σ_{i} 为电离截面面积；ν_{e} 为电子速度；V 为放电室体积；U^+ 为工质气体的电离电势；U^* 为气体的激发电势；$\langle \sigma_* \nu_{\mathrm{e}} \rangle_j$ 及 $\langle \sigma_{\mathrm{i}} \nu_{\mathrm{e}} \rangle$ 为反应速率系数；n_{i} 为电离室中心的离子密度；ν_{a} 为离子声速；A_{grid} 为栅极的面积；T_{e} 为电子温度；A_{a} 为电子损失面积；τ 为电子的平均约束时间；m_{i} 为单个离子质量；m_{e} 为单个电子质量。

从阳极管路和放电阴极孔注入放电室内中性原子数总量为 Q_{in}，其中，大部分中性原子将和空心阴极孔发射出来进入放电室的电子发生弹性碰撞、激发碰撞和电离碰撞，少量原子将通过屏栅极孔从放电室内逃逸。弹性碰撞只会改变中性原子运动速度的方向，而激发碰撞使得中性原子从基态变为激发态，电离碰撞使得中性原子发生电离反应变为二次电子和一个正价离子。根据粒子数守恒可知，从屏栅极孔逃逸的中性原子电荷量为

$$Q_{\mathrm{out}} = Q_{\mathrm{in}} - \frac{I_{\mathrm{b}}}{e} = \frac{1}{4} n_0 \nu_0 A_{\mathrm{grid}} T_{\mathrm{a}} \eta_{\mathrm{c}} \qquad (2-12)$$

式中，n_0 为中性气体密度；ν_0 为中性气体速度；A_{grid} 为栅极的面积；T_{a} 为栅极的光学透明度；η_{c} 为克劳辛（Clausing）因子。式（2-12）中的中性原子密度是与注入放电室内的中性原子总量、栅极透明度及工质利用率有关的物理量，即

$$n_0 = \frac{4Q_{\mathrm{in}}(1 - \eta_{\mathrm{md}})}{\nu_0 A_{\mathrm{grid}} T_{\mathrm{a}} \eta_{\mathrm{c}}} \qquad (2-13)$$

式中，Q_{in} 为中性原子数总量；A_{grid} 为栅极的面积；T_{a} 为栅极的光学透明度；η_{md} 为放电室工质利用率，它表示进入放电室内的中性原子中被电离并且被栅极组件引出成为束流离子的比例，因此它与离子推力器放电室中形成的束流及注入的总中性原子量有关。

$$\eta_{\mathrm{md}} = \frac{I_{\mathrm{b}}}{Q_{\mathrm{in}} e} \qquad (2-14)$$

式中，I_{b} 为离子束流，放电室中性原子数密度为

$$n_0 = \frac{4I_b}{v_0 e A_{grid} T_a \eta_c} \frac{(1 - \eta_{md})}{\eta_{md}} \qquad (2-15)$$

式中，η_c 为克劳辛因子；A_{grid} 为栅极的面积；T_a 为栅极的光学透明度；v_0 为中性气体速度。

2.1.2　离子电推进的放电特性参数

1. 推力

在离子推力器中，放电室放电产生等离子体中的离子在栅极电场作用下加速引出，最后与中和器发射的电子中和产生推力。

离子在栅间电场作用下将电势能转化为动能，离子在加速过程中所获得的动能为

$$E_k = eV_b \qquad (2-16)$$

式中，E_k 为离子加速后的动能；V_b 为束电压。

不难得到离子加速后每个离子动量为

$$p_i = m_i \nu = \sqrt{2V_b e m_i} \qquad (2-17)$$

式中，p_i 为每个离子所获得的动量；m_i 为单个离子的质量。

假设单位时间内被加速引出的离子数为 N_i，且所有离子的引出方向相同，则单位时间内总动量变化量为

$$\Delta p = \sum_{i=1}^{N_i} m_i \nu = N_i \sqrt{2V_b e m_i} \qquad (2-18)$$

由单位时间内动量变化量与作用力的关系，可以得到电推进通过离子加速引出所提供的推力为

$$F = N_i \sqrt{2V_b e m_i} = N_i e \sqrt{\frac{2m_i}{e}} \sqrt{V_b} \qquad (2-19)$$

式中，$N_i e$ 为单位时间引出的电荷量，即束流 I_b，因此式（2-19）可写成

$$F = \sqrt{\frac{2m_i}{e}} I_b \sqrt{V_b} \qquad (2-20)$$

方程式（2-20）是假设只有单价离子，并且每个离子的出射方向相同，而实际上离子电推进存在双荷离子并且离子出射方向不一致，需要对推力公式进行修正。

对于双荷离子导致的推力修正,假设束流 I_b 中单价离子流和双荷离子流分别为 I^+ 和 I^{++}, 则推力公式变为

$$F = \sqrt{\frac{2m_i}{e}} I^+ \sqrt{V_b} + \sqrt{\frac{m_i}{e}} I^{++} \sqrt{V_b} = \sqrt{\frac{2m_i}{e}} \sqrt{V_b} \left(I^+ + \frac{I^{++}}{\sqrt{2}} \right) \quad (2-21)$$

将式(2-20)与式(2-21)比较,得到双荷离子导致的推力修正系数为

$$\beta = \frac{I^+ + \frac{1}{\sqrt{2}} I^{++}}{I^+ + I^{++}} = \frac{1 + 0.707 \frac{I^{++}}{I^+}}{1 + \frac{I^{++}}{I^+}} \quad (2-22)$$

式中, I^{++}/I^+ 为双荷离子与单价离子电流比。

对于圆柱形离子推力器,假设半径 r 处束流方向与中心轴偏离角为 θ, 则由离子出射方向偏离中心轴而导致的推力修正系数为

$$F_t = \frac{\int_0^R 2\pi r J(r) \cos \theta(r) \mathrm{d}r}{I_b} \quad (2-23)$$

式中, R 为束流半径; $J(r)$ 为半径 r 处束流离子密度; $\theta(r)$ 为半径 r 处束流方向与中心轴偏离角。

综上,在考虑离子速度偏角和双荷离子后,推力修正公式为

$$F = \gamma \sqrt{\frac{2M}{e}} I_b \sqrt{V_b} \quad (2-24)$$

式中,推力修正系数 γ 为

$$\gamma = \beta F_t \quad (2-25)$$

2. 比冲

比冲定义为推力与工质气体流率的比值,即

$$I_{sp} = \frac{F}{\dot{m}g} \quad (2-26)$$

式中, g 为重力加速度常数; $\dot{m}$ 为工质气体流率。

3. 工质利用率

工质利用率定义为以离子形式流出推力器的工质流率和总流率之比,用符号

η_m 表示:

$$\eta_\mathrm{m} = \frac{\dot{m}_\mathrm{i}}{\dot{m}} \qquad (2-27)$$

式中, $\dot{m}_\mathrm{i}$ 为离子形式流出推力器的工质流率, 即

$$\dot{m}_\mathrm{i} = \frac{I^+}{e}m_\mathrm{i} + \frac{I^{++}}{2e}m_\mathrm{i} \qquad (2-28)$$

如果只考虑放电室流率的工质利用率, 则称为放电室工质利用率, 用于评价离子推力器放电室工质电离效率。计算公式为

$$\eta_\mathrm{md} = \frac{I_\mathrm{b}}{e}\frac{m_\mathrm{i}}{\dot{m}_\mathrm{d}} \qquad (2-29)$$

$$\dot{m}_\mathrm{d} = \dot{m}_\mathrm{c} + \dot{m}_\mathrm{a} \qquad (2-30)$$

式中, $\dot{m}_\mathrm{d}$ 为供入放电室的总流率; $\dot{m}_\mathrm{c}$ 为阴极流率; $\dot{m}_\mathrm{a}$ 为阳极流率。

4. 功率

离子电推进器的总功率为各配套电源功率之和:

$$P_\mathrm{in} = V_\mathrm{b}I_\mathrm{b} + V_\mathrm{d}I_\mathrm{d} + | V_\mathrm{a} | I_\mathrm{a} + V_\mathrm{k}I_\mathrm{k} + V_\mathrm{n}I_\mathrm{n} \qquad (2-31)$$

式中, V_b、V_d、V_a、V_k、V_n 分别为束电压、放电电压、加速电压、阴极触持极电压和中和器触持极电压; I_b、I_d、I_a、I_k、I_n 分别为束电流、放电电流、加速电流、阴极触持极电流和中和器触持极电流。

5. 放电功率和放电损耗

放电电流与放电电压的乘积定义为放电功率:

$$P_\mathrm{d} = V_\mathrm{d}I_\mathrm{d} \qquad (2-32)$$

放电损耗用于表征离子推力器的放电效率, 其值越小代表放电效率越高, 计算公式为

$$\varepsilon_\mathrm{loss} \approx \frac{V_\mathrm{d}I_\mathrm{d}}{I_\mathrm{b}} \qquad (2-33)$$

6. 效率

效率定义为喷出离子功率与输入功率的比值, 表示为

$$\eta = \frac{P_\mathrm{jet}}{P_\mathrm{in}} \qquad (2-34)$$

式中，P_jet 为单位时间内喷出所有离子的动能之和：

$$P_\text{jet} = \frac{1}{2}\dot{m}v_\text{i}^2 \tag{2-35}$$

式中，v_i 为引出离子的速度。又由于推力也可表示为

$$F = \dot{m}v_\text{i} \tag{2-36}$$

经过简单变换可得到

$$\eta = \frac{FI_\text{sp}g}{2P_\text{in}} \tag{2-37}$$

7. 总冲

总冲 I_t 与推力器推力 F 和时间 t 有关，即

$$I_t = \int_0^t F\mathrm{d}t \tag{2-38}$$

2.1.3　离子电推进参数的内在相互关系

1. 放电损耗与放电室工质利用率的关系

放电损耗与放电室工质利用率典型关系曲线如图 2-2 所示。一般随放电室工质利用率的增加，放电损耗逐步增加，当放电室工质利用率增加到某一值时，放电损耗开始迅速增大，将这一放电损耗曲线"拐点"处的放电室工质利用率确定为放电室最佳工质利用率。较高的放电室工质利用率在同样束电压下能

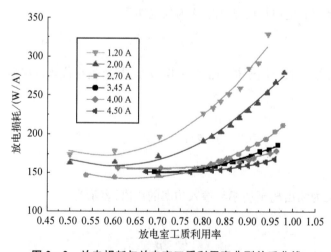

图 2-2　放电损耗与放电室工质利用率典型关系曲线

实现较高比冲,但随着放电室工质利用率的增加,放电损耗呈增大趋势,在小束流下更为突出。

2. 推力与比冲的关系

由式(2-37)可见,在功率和效率一定的条件下,离子电推进的推力和比冲为反比关系,也就是在功率约束条件下无法同时提高推力和比冲。

3. 效率与功率的关系

效率与功率关系曲线如图 2-3 所示。由图 2-3 可见随着功率的增加,效率先快速增加,而后缓慢增加,功率越高效率越高。

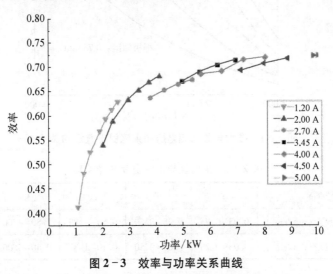

图 2-3　效率与功率关系曲线

2.2　离子推力器总体方案设计

离子推力器总体方案设计涉及束口径、放电室放电类型、放电室磁场类型、阴极类型、中和器类型和气路电绝缘器等,主要组件的方案设计主要是由推力、比冲、功率、寿命、重量和尺寸等技术指标要求确定的[10-18]。

2.2.1　束口径设计

束口径是指距离于光学系统栅极下游约 1 cm 处的束流直径,一般用栅极有效开孔区直径代替。束口径由离子光学系统引出的最大束流和总加速电压决定。离子推力器推力与双栅极或三栅极离子光学系统总加速电压和束流引出最小直径的关系如图 2-4 所示[19-23]。

对于屏栅电压在 800~2 000 V 的双栅极或三栅极离子光学系统,推荐的束口径与束流密度选择关系见表 2-1。

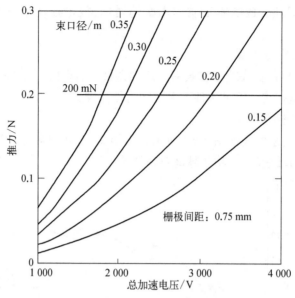

图 2-4 推力与总加速电压和束流引出直径的关系

表 2-1 束口径与束流密度选择关系

束口径/cm	5	10	20	30	40
单工作点束流密度/(mA/cm²)	0.03~0.25	0.25~0.50	0.50~1.89	1.89~4.00	4.00~7.00
多工作点束流密度/(mA/cm²)	0.03~0.25	0.05~0.50	0.10~1.89	0.40~4.00	0.70~7.00

一方面,平均束流密度随束口径增大而增加,主要原因是束流分布边缘效应降低;另一方面,栅极组件打火是影响离子推力器可靠性的主要因素,栅极组件打火概率随平均束流密度的增大而增大。

基于上述原因,为保证可靠性,推荐束口径按平均束流密度 4.5 mA/cm² 设计。只有在栅极组件制造和热稳定技术基础厚实的情况下,才能选择束口径按平均束流密度大于 4.5 mA/cm² 设计。

2.2.2 放电室方案设计

1. 放电室类型

放电损耗随束口径增大而减小,从表 2-2 离子推力器直流放电室与交流放电室(射频放电室和微波放电室)的对比可见,对 10 cm 以上束口径,应该选择直流放电室,因为直流放电室放电损耗更小、工质利用率更高;对 10 cm 以下束口径,直流放电室放电损耗和工质利用率均处于劣势,应该选择交流放电室[24]。

表 2-2　离子推力器直流放电室与交流放电室对比

束口径	10 cm 以上		10 cm 以下	
放电室类型	直流放电室	交流放电室	直流放电室	交流放电室
放电损耗/(W/A)	140~280	160~300	220~320	200~300
工质利用率/%	83~93	80~90	80~88	80~90

2. 磁场类型

在选定直流放电室类型后,还需要选定放电室磁场类型,不同直流放电室磁场类型的比较如表 2-3 所示[25,26]。发散场放电室与会切场放电室相比,在 13 cm 以下束口径,发散场放电室具有尺寸小、质量轻和结构简单的优势,放电损耗相差不大;在 13 cm 以上束口径,会切场放电室的放电损耗小优势明显。

表 2-3　不同直流放电室磁场类型的比较

直流放电室类型	发散场放电室	会切场放电室	
磁铁类型	柱形磁铁	柱形磁铁	环形磁铁
束口径/cm	<13	≥13	≥13
质量	小	大	中
结构复杂性	简单	中	中
放电损耗/(W/A)	200~280	100~220	120~220
工质利用率	小	大	中

柱形会切场放电室与环形会切场放电室相比,柱形会切场放电室的放电损耗小,可获得更大的束流。环形会切场放电室的离子束出口截面的离子密度均匀性好,重量轻。

2.2.3　栅极组件方案设计

栅极组件方案主要由寿命和比冲确定,由于其他材料的栅极组件在现阶段还不成熟,方案设计以成熟的钼栅极为主。推荐的钼栅极组件类型选择为:

(1) 比冲<4 000 s,寿命<20 000 h,选用双栅极组件;

(2) 比冲<6 000 s,寿命>20 000 h,选用三栅极组件;

(3) 比冲>6 000 s,选用四栅极组件。

2.2.4　阴极和中和器方案设计

离子推力器阴极和中和器使用的主要是节流孔式空心阴极,电子发射材料多为钡钨和六硼化镧两种。二者相比,钡钨空心阴极工作温度低,因此可靠性高的热设计易于实现,其主要的难点是需要解决暴露在大气中的发射体中毒问题,特别是激活状态下直接暴露在大气中更易于中毒。六硼化镧空心阴极缺点是工作温度较高,放电电压稍高;优点是抗中毒性能好,发射电流密度大。

因此,空心阴极方案主要由是否能很好地解决暴露在大气下的发射体中毒问题和发射电流确定,推荐的一般选用原则为:

(1) 当发射电流<50 A、暴露在大气下的中毒问题得到解决时,选用钡钨空心阴极;

(2) 当发射电流>50 A、钡钨空心阴极暴露在大气下的中毒问题不能解决时,选用六硼化镧空心阴极。

2.2.5　气路电绝缘器方案设计

气路电绝缘器方案设计主要按束电压选择,目前空间应用的气路电绝缘器均为分电压多级式。针对超高比冲的需要,国外发展了多孔颗粒式气路电绝缘器,其主要优势是在相同主体绝缘尺寸下,具有更高的耐电压、更大的标称流量和更长的寿命,力学性能好,并同样具备可靠性高和结构简单的特点,其缺点是成本较高。推荐的气路电绝缘器类型选择见表2-4。

表2-4　推荐的气路电绝缘器类型选择

气路电绝缘器类型		分电压多级式	多孔颗粒式
选择原则		束电压<5 000 V	束电压>5 000 V
技术要求	阳极气路电绝缘器	耐压≥2倍最高束电压	耐压≥1.5倍最高束电压
	阴极气路电绝缘器	耐压≥2倍最高束电压	耐压≥1.5倍最高束电压
	中和器气路电绝缘器	耐压≥最高束电压	耐压≥最高束电压

2.2.6　工作点设计

推力器需要工作在优化的工作点,才能具有较高的效率并保证长寿命和高可靠工作。优化工作点设计基于以下方法:在没有任何试验基础的条件下,首先基于技术分析得出初始工作点设计;然后基于技术分析的结果开展试验摸底与调试;最后通过试验确认优化工作点。

工作点的技术分析主要根据推力、比冲、效率等关键性能指标,基于理论或经验开展。

利用工质气体流率与束流 I_b 及工质利用率 η_m 之间存在的经验关系:

$$\dot{m} = 0.734 I_b \eta_m \tag{2-39}$$

并通过推力式(2-24)、比冲式(2-26)、效率式(2-37),可以计算得出离子推力器的束电压、束电流、放电室内的流率、总功率等。而阴极及中和器的电参数、供气参数由选用空心阴极组件的对应工作参数确定。

　　根据离子推力器工作寿命要求,通过仿真分析得出加速电压参考值,在上述已知参数的基础上再通过试验调试获得其他工作参数,最终确定工作点的束电压、束流、阳极电压、阳极电流、放电室阴极触持极电压、放电室阴极触持极电流、中和器触持极电压、中和器触持极电流。最后通过电子反流极限的摸底测试,确定最终加速电压参数。

2.3　离子推力器设计基础

2.3.1　推力器放电室设计原理

1. 放电室几何结构设计

　　离子推力器放电室几何结构有圆柱形、柱锥形、矩形等。一般情况下,发散场离子推力器采用圆柱形放电室,会切场离子推力器多采用柱锥形放电室,这种结构的推力器尾端为锥形结构,不仅提高了放电室结构稳定性,而且减小了放电室粒子损失面积。矩形放电室结构主要用于超高功率离子推力器,用来降低大尺寸放电室机械加工的复杂性。

　　放电室结构设计的关键尺寸为放电室口径和放电室长径比。放电室口径根据束流口径确定,一般放电室口径较束流口径大 20% 左右。放电室长径比对放电室性能存在较大的影响:放电室长径比越大,中性气体在放电室的弛豫时间越长,放电室工质利用率增加,但带电粒子损失面积增加,原初电子弛豫时间减小。因此,放电室长径比需要在放电室工质利用率和放电损耗二者之间折中权衡确定。

2. 放电室磁场设计

　　按磁场结构不同,离子推力器放电室磁场主要有强发散场、环形会切场和柱形会切场,分别如图 2-5(a)、(b)、(c)所示。强发散场相对于会切场,具有磁场结构

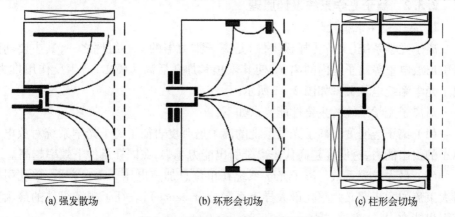

(a) 强发散场　　　　　　　(b) 环形会切场　　　　　　　(c) 柱形会切场

图 2-5　直流放电室典型磁场类型

简单、外形紧凑的优点,但存在放电效率低、束流平直度差等缺点,不适用于大口径;会切场把磁场限制在很小的范围,整个放电室大部分区域接近为无场区,特别是屏栅极附近的大部分区域接近为无场区,具有放电效率高、束流平直度好、所需磁感应强度较低的优点。在大口径离子推力器上可通过增加磁极数量的方法保证最大无场区和闭合磁等势线设计值,非常适合大口径离子推力器的磁场设计。

3. 等离子体分布均匀性设计

放电室设计原则是提高电离效率和等离子体分布的均匀性。如果放电室等离子体分布均匀性较差,将对栅极可靠性和寿命造成影响,等离子体均匀性设计是离子推力器放电室设计的核心指标之一。

发散场的磁场强度从上游向下游方向减弱,等离子体浓度分布极不均匀,中心出现了大的浓度,因而离子束流轮廓也出现大的峰值。为了减小中心的峰值,通过阴极极靴设计使磁场发散,增加磁力线的横向分量,提高原初电子区边缘的轴向深度,这种场称为强发散场源。

会切场的放电室很像由径向场放电室和发散场放电室叠加而成,将轴向磁场限制在前阳极的小区域中,扩大了无场区的范围,同时提高了中性气体原子在放电室边缘的存留时间,降低了屏栅极附近等离子体密度的径向梯度,因此束流均匀性得到很大改善。

多级场把磁场限制在很小的外缘范围,整个放电室大部分区域接近为无场区。原初电子区几乎扩展到整个放电室,形状成为完整的矩形,深度更加均匀。多级场与其他场相比更有利于产生均匀的离子束流,但结构相对复杂。

从磁场结构的演变过程和放电室仿真分析及试验研究可以看出,通过放电室磁场位形改变束流均匀性的基本原理为:尽可能将磁场限制在阳极附近区域,使放电室内部,特别是屏栅极附近的大部分区域近似为无场区。

2.3.2　离子光学系统设计原理

1. 离子光学系统设计要求

离子光学系统(又称为栅极组件)是离子推力器的核心组件之一,其主要功能是引出放电室等离子体内的离子,使其聚焦和加速后高速喷出,产生反作用推力。离子光学系统电位关系如图 2-6 所示。

对离子光学系统的主要性能要求如下:

(1) 离子透明度。离子光学系统的离子透明度表征了离子光学系统对放电室离子的引出能力,透明度越高代表离子引出能力越强,在同样条件下效率越高。

(2) 最大导流系数。离子光学系统在单位总加速电压 3/2 次方下,单孔引出最大束流的大小定义为单孔最大导流系数(perveance),表征了栅极组件的最大束流引出能力,具体表达式为

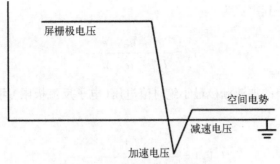

图 2-6　离子光学系统电位关系

$$P_{max} = \frac{I_{bmax}}{V_T^{3/2}} = \frac{\pi}{9}\varepsilon_0\sqrt{\frac{2e}{M_i}}\left(\frac{d_s}{l_e}\right)^2 \tag{2-40}$$

式中，ε_0 为真空介电常数；e 为元电荷量；M_i 为工质气体离子质量；V_T 为栅极总加速电压；d_s 为屏栅极孔径；l_e 为有效加速长度，具体表达式为

$$l_e = \sqrt{(l_g + t_s)^2 + \frac{d_s^2}{4}} \tag{2-41}$$

式中，l_g 为栅间距；t_s 为屏栅极厚度。

（3）发散角。从离子光学系统引出的离子束，栅极小孔处等位面的弯曲以及离子之间的排斥作用等，使得离子束经过离子光学系统后都有一定的发散。在离子光学系统实际工程应用中，束发散半角 α 一般要求不大于 15°。

（4）电子反流极限及裕度。电子反流极限是指栅极组件发生电子反流时的最高加速电压（最小电压绝对值），电子反流裕度是额定加速电压与反流极限电压之差，表征了离子光学系统阻止电子反流的能力。

（5）中性气体导流系数。中性气体导流系数用于表征离子光学系统阻止中性气体逃逸放电室的能力。通过加速栅极透明度设计尽可能减少原子从电离室的逃逸，以提高放电室的电离率。

（6）栅极寿命。栅极寿命主要取决于束流均匀性、栅极聚焦性、束流密度、加速电压、栅极材料抗离子溅射能力等参数，栅极寿命是决定离子推力器寿命的主要因素。

2. 离子光学系统性能设计基础

当离子推力器的性能参数一定时，由比冲与束电压的计算公式，得到栅极束电压值为

$$V_b = \left(\frac{I_{sp}g}{F_t\eta_m}\sqrt{\frac{M_i}{2e}}\right)^2 \tag{2-42}$$

式中，I_{sp} 为比冲；F_t 为推力修正系数；η_m 为工质利用率；M 为氙原子质量，再由推

力计算公式计算得到束流为

$$I_{\mathrm{b}} = \frac{F}{I_{\mathrm{sp}}g}\frac{\eta_{\mathrm{m}}}{\alpha}\frac{e}{M_{\mathrm{i}}} \quad\quad (2-43)$$

阻止电子反流的加速栅极最小绝对值电压(电子反流极限)可以由式(2-44)估算:

$$|V_{\mathrm{a}}| = \frac{V_{\mathrm{s}}}{\pi\dfrac{l_{\mathrm{e}}}{r}\exp\left(\dfrac{t_{\mathrm{d}}}{2r}\right) - 1} \quad\quad (2-44)$$

式中,$|V_{\mathrm{a}}|$ 为出现电子反流时的加速栅极电压绝对值;V_{s} 为屏栅极电压;r 为加速栅极孔半径;t_{d} 为加速栅极厚度;$l_{\mathrm{e}} = \sqrt{l^2 + r_{\mathrm{s}}^2}$,其中,$l$ 为栅极间距,r_{s} 为屏栅极孔半径。

定义每个孔的归一化导流系数,表征了每个孔的束流引出能力

$$K = \frac{\dfrac{i_{\mathrm{b}}}{V_{\mathrm{t}}^{3/2}}\left(\dfrac{l_{\mathrm{e}}}{d_{\mathrm{s}}}\right)^2}{\dfrac{\pi}{9}\varepsilon_0\sqrt{\dfrac{2e}{M_{\mathrm{i}}}}} \quad\quad (2-45)$$

式中,i_{b} 单个孔引出的束流 $i_{\mathrm{b}} = I_{\mathrm{b}}/(AT_{\mathrm{g}})$;$V_{\mathrm{t}}$ 为栅极总加速电压;ε_0 为真空介电常数;d_{s} 为屏栅极孔径。受放电室电离产生等离子体浓度均匀性的影响,K 一般要求为 35%~50%。当栅极出现明显的离子截获时,所对应的归一化导流系数值为设计的使用上限值。

离子透明度往往要求与屏栅极透明度 T_{s} 非常接近,屏栅极透明度 T_{s} 表示为

$$T_{\mathrm{s}} = \frac{\pi}{2\sqrt{3}}\frac{d_{\mathrm{s}}^2}{l_{\mathrm{cc}}^2} \qu\quad (2-46)$$

式中,l_{cc} 为栅极孔中心距。通过大量的试验发现,要取得较好的性能,屏栅极几何透明度一般做到 70% 就足够了,而且几何透明度超过 70% 的栅极板,制造难度较大,有效透明度也不会有明显提高,而且会使屏栅极的强度降低,容易引起损坏。

2.3.3　空心阴极设计原理

1. 空心阴极设计要求

空心阴极是推力器中等离子体密度最高、电流密度最大、温度最高的部件,它也是离子推力器性能、可靠性与寿命的最主要限制组件之一。离子推力器对空心

阴极的主要要求包括：

（1）最大发射电流，表征阴极能长期工作的最大发射电子电流；

（2）最大功耗，引出最大发射电流时，能正常自持放电的触持功率；

（3）流率裕度，在最大发射电流下，额定工作流率与发生点-羽流模式转变点流率之差；

（4）点火时间，空心阴极从开始供电到发射电流达到额定值的时长；

（5）开、关机次数，该指标主要取决于加热器的寿命；

（6）工作寿命，影响空心阴极工作寿命的主要因素有发射体、阴极顶和触持极。

2. 空心阴极方案设计

空心阴极由发射极组件和触持极组件组成，发射极组件通常采用细长空心圆筒结构，由阴极管、发射体、阴极顶、轴向热屏、加热器等组成，其主要功能是产生阴极等离子体。触持极组件也为空心圆筒结构，套在阴极管外部，由触持极顶、触持极管、热屏、绝缘组件等组成，主要作用是辅助阴极发射电子的引出，同时保护发射极组件免受外部离子的轰击。

空心阴极方案设计中最为重要的是发射体材料的选择，现阶段应用最广泛的是钡钨发射体和六硼化镧发射体。常用的钡钨发射体材料包括钨酸盐钡钨、铝酸盐钡钨、钪酸盐钡钨等。六硼化镧发射体具有电子发射密度高和抗中毒能力强的优点，但逸出功比钡钨发射体高，需要更大的加热功率。空心阴极发射体体积和发射体内表面积是空心阴极寿命和发射电流两项指标的主要决定参数。

阴极顶材料必须具有耐高温、抗离子轰击能力强、逸出功低易于起弧的特点。目前，选用的空心阴极顶材料主要有石墨、钨、铈钨、钍钨等。阴极顶结构一般采用中心开小孔的圆片装结构，其厚度和中心孔大小对阴极流率、发射电流有一定的影响。

触持极直接暴露在离子推力器放电室，易遭受放电室离子轰击，选用的触持极材料主要有石墨、钨、钽等材料。触持极设计的关键是触持极顶小孔孔径和触持极顶厚度。

3. 空心阴极性能设计基础

根据发射电流和发射体面发射电流密度，可估算发射体内径 D 为

$$D = \sqrt{\frac{0.7I_d}{2\pi J_e}} \qquad (2-47)$$

式中，J_e 为发射体面发射电流密度。

对六硼化镧发射体，发射体厚度是发射体内直径和蒸发损耗寿命的函数，估计公式为

$$d \approx A \cdot \{D\exp[(4I_d/(\pi D^2 L_e))/B] + C\}t_e \qquad (2-48)$$

式中，d 为发射体设计厚度；L_e 为发射体长度；t_e 为发射体蒸发损耗寿命；A、B、C、

D 为常数,分别取值 1.25、0.107 77 A/mm²、6.480×10⁻⁶ mm/h、38.166×10⁻⁶ mm/h。

工质气体流率由常数 K_{pu} 确定,K_{pu} 计算公式为

$$K_{pu} = I_d/I_{Xe} \tag{2-49}$$

式中,I_d 为发射电流;I_{Xe} 为流率等效电流。对于六硼化镧阴极,$K_{pu} = 50$。

阴极顶小孔尺寸主要由阴极管内部气体压力、工质气体流率、发射电流决定,有以下经验公式:

$$d_0 = \sqrt{\frac{\dot{m}}{P_0}(13.7 + 7.82 I_d) \times 133.3 \times 10^{-6}} \tag{2-50}$$

式中,P_0 为阴极管内气体压力;$\dot{m}$ 为工质气体流率;d_0 为阴极顶直径。

根据热平衡条件,空心阴极的加热输入功率 P_h 为

$$P_h = P_1 + P_2 + P_3 + P_4 + P_5 \tag{2-51}$$

式中,P_1、P_2、P_3、P_4、P_5 分别为阴极顶辐射功率、加热器前端面辐射功率、加热器径向辐射功率、加热前后端面辐射功率和阴极管热传导损失。其中,辐射功率近似计算为

$$P_r = \frac{\varepsilon \sigma S_r (T^4 - T_0^4)}{n + 1} \tag{2-52}$$

式中,P_r 为辐射功率;ε 为发射率;$\sigma = 5.67 \times 10^{-8}$ W/(m²gK⁴) 为斯特藩-玻尔兹曼常数;S_r 为辐射面积;T、T_0 分别为发射体表面、包围发射体周围环境的热力学温度;n 为热屏层数。

传导功率 P_t 近似计算公式为

$$P_t = \frac{\lambda S_t (T_2 - T_1)}{L_1} \tag{2-53}$$

式中,λ 为导热系数;S_t 为导热面积;T_2 为高温端温度;T_1 为低温端温度;L_1 为导热件长度。

根据式(2-47)~式(2-53)可估算得到阴极加热功率下,阴极发射体温度到达设定发射温度所需要的时间,该时间为阴极点火设计时间。

2.4　离子推力器耦合匹配设计

2.4.1　放电室与阴极匹配设计

放电室与阴极匹配是为了减小离子推力器放电损耗、减小阳极电压和阳极电

压纹波(峰-峰值)、减小阴极触持极电压和阴极触持极电压纹波、提高放电室内屏栅极上游面的离子密度均匀性。在放电室工质气体流率、束流、栅极电压等额定参数不变的条件下,放电室与阴极匹配设计包括以下的内容:

(1)调节阴极流率,获得放电损耗、阳极电压及其纹波、触持极电压及其纹波、束流密度分布与阴极流率的关系曲线;

(2)调节阴极轴向位置,获得放电损耗、阳极电压及其纹波、触持极电压及其纹波、束流密度分布与阴极轴向位置关系曲线;

综合以上关系曲线得到优化匹配流率和位置。为获得最优匹配设计结果,上述优化需要迭代,并且仿真计算与试验相结合。

2.4.2 放电室与离子光学系统匹配设计

放电室与离子光学系统匹配设计的主要目的包括降低放电电压、减少放电损耗、提高离子密度均匀性等,这主要通过磁场、工质流量分配、放电室结构、栅极间距和变孔栅极的仿真优化与试验优化得到,上述要求并不能在同一状态下均达到最优值,需要综合考虑确定优化点,在满足全部技术指标的条件下,优先考虑可靠性。

2.4.3 中和器与束流匹配设计

中和器位置、流率和触持极电流对推力器浮动电位、中和器熄弧、中和器触持极电压及其纹波都有重要影响。中和器与束流匹配设计是为降低浮动电位、减小中和器触持极电压及其纹波、提高中和器抗熄弧能力。匹配设计优化方法及步骤如下:

(1)在中和器安装结构允许的条件下,尽可能选择较小的中和器与推力器轴间距离;

(2)中和器触持极电流和流率的确定。在最小允许轴间距离下,对应最小束流和最大束流工作点,在一定范围内分别组合调节触持极电流和流率,获得流率和触持极电流与浮动电压、中和器触持极电压及其纹波关系曲线,选择最小浮动电位、最小中和器触持极电压及其纹波的电气工作点,必要时还需折中选择。

2.4.4 推力器与电气参数匹配设计

在满足推力器性能指标要求的前提下,对电气参数的优化应优先考虑提高推力器工作可靠性,如减少放电室和中和器熄弧、减少非预期电击穿打火、提高束流均匀性等。

具体优化方法,参见本书 2.2 节中工作点设计的相关内容。

参考文献

[1] Brophy J R. Ion thruster performance model [D]. Thesis: Colorado State University, 1984.

[2] Wirz R, Goebel D. Effects of magnetic field topography on ion thruster discharge performance [J]. Plasma Sources Science and Technology, 2008, 17(3): 1 - 11.

[3] Sovey J S. Improved ion containment using a ring-cusp ion thruster [J]. Journal of Spacecraft and Rockets, 1982, 21(5): 488 - 495.

[4] Vaughn J A, Wilbur P J. Ring cusp/hollow cathode discharge performance studies [J]. NTRS, 1988.

[5] Beattie J R, Matossian N. Mercury ion thruster technology [J]. NASA CR - 174974, 1989.

[6] Patterson M J, Haag T W, Rawlin V K, et al. NASA 30 cm ion thruster development status [C]. Indianapolis: 30th Joint Propulsion Conference and Exhibit, 1995.

[7] Patterson M J, Foster J E, Haag T W, et al. NEXT: NASA's evolutionary xenon thruster [C]. Indianapolis: 38th AIAA/ASME/SAE/ASEE Joint Propulsion Conference & Exhibit, 2002.

[8] Nishiyama K, Hosoda S, Ueno K, et al. The ion engine system for Hayabusa [C]. Wiesbaden: 32nd International Electric Propulsion Conference, 2011.

[9] Wallace N C. Optimization and assessment of the total impulse capability of the T6 ion thruster [C]. Florence: IEPC - 2007 - 231, 2007.

[10] 郑茂繁, 江豪成. 改善离子推力器束流均匀性的方法[J]. 推进技术, 2011, 32(6): 762 - 765.

[11] Zhang T P. Initial flight test results of the LIPS - 200 electric propulsion system on SJ - 9A Satellite [C]. Washington: IEPC - 2013 - 47, 2013.

[12] Zhang T P. The LIPS - 200 ion electric propulsion system development for the DFH - 3B satellite platform [C]. Beijing: IAC - 13 - C4. 4, 2013.

[13] 郑茂繁, 张天平, 孟伟, 等. 20 cm 氙离子推力器性能扩展研究[J]. 推进技术, 2015, 36(7): 1116 - 1120.

[14] Goebel D M, Katz I. Fundamentals of electric propulsion: ion and hall thruster [M]. California: JPL Space Science and Technology Series, 2008: 24 - 28.

[15] 杨福全, 江豪成, 张天平, 等. 20 cm 离子推力器飞行试验工作性能评价[J]. 推进技术, 2016. 37(4): 783 - 787.

[16] 陈娟娟, 张天平, 贾艳辉, 等. 不同磁感强度下 LIPS - 200 离子推力器放电室性能的研究 [J]. 真空与低温, 2013, 19(3): 163 - 167.

[17] 赵以德, 张天平, 郑茂繁, 等. 高推力密度离子推力器研究[J]. 真空, 2017, 54(1): 14 - 16.

[18] 杨威, 张天平, 冯杰, 等. 石墨触持极空心阴极性能实验研究[J]. 真空与低温, 2017, 23(2): 87 - 91.

[19] Wirz R E, Anderson J R, Goebel D, et al. XIPS ion thruster Grid Erosion assessment for deep space missions [C]. Florence: IEPC - 2007 - 265, 2007.

[20] William G T, Chien K, Solis Z, et al. The 25 cm XIPS ⓒ life test and post-test analysis [C]. Ann Arbor (USA): IEPC - 2009 - 161, 2009.

[21] Aston G, Kaufman H R. The ion-optics of a two-grid electron-bombardment thruster [C]. Key Biscayne: 12th International Electric Propulsion Conference, 1976.

[22]　Rawlin V K. Studies of dished accelerator grids for 30-cm ion thrusters [C]. Lake Tahoe: 10th Electric Propulsion Conference, 1973.

[23]　Doerner R P. Sputtering yields of ion thruster grid and cathode materials during very low energy Xenon plasma bombardment [C]. Huntsville: 39th AIAA/ASME/SAE/ASEE Joint Propulsion Conference and Exhibit, 2003.

[24]　Goebel D M. Analytical discharge model for RF ion thruster [J]. IEEE Transactions on Plasma Science, 2008, 36(5): 2111 - 2121.

[25]　Panagopoulos T, Kim D, Midha V, et al. Three-dimensional simulation of an inductively coupled plasma reactor [J]. Journal of Applied Physics, 2002, 91(5): 2687 - 2696.

[26]　Bukowski J D, Graves D B, Vitello P. Two-dimensional fluid model of an inductively coupled plasma with comparison to experimental spatial profiles [J]. Journal of Applied Physics, 1996, 80(5): 2614 - 2623.

第3章
发散场放电室技术

3.1 发散场放电室简介

3.1.1 发散场放电室基本组成

目前,发散场放电室均指强发散场。发散场放电室结构组成如图 3-1 所示,一般包括阳极、阴极、阴极极靴、屏栅极靴、挡板、磁铁(永磁铁或螺线管电磁铁)、气体分配环、屏栅筒等。发散场放电室整体呈圆柱形,磁场构型从阴极极靴端面到屏栅极靴呈发散状,磁场从上游向下游逐渐减弱。阴极和栅极位于放电室的轴向两端。屏栅筒外设置磁铁,通过磁路和磁极使磁力线穿过放电室。

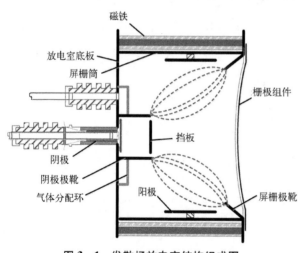

图 3-1 发散场放电室结构组成图

阳极一般为金属圆筒,位于放电室中段,其内径代表放电室口径。其主要功能是与阴极形成气体放电的电场,并收集等离子体中电子形成放电回路。研究表明,发散场放电室阳极长度对性能影响不大,通常 10~20 cm 口径放电室的阳极长度只要不短于 3 cm 就可稳定工作[1]。

阴极一般采用空心阴极,安装在放电室上游端(底部)轴线上。其主要功能是在内部等离子体放电加热作用下发射放电室气体电离所需的原初电子。

发散场放电室的结构特点主要有:

(1)发散场放电室无锥段部分,而且只有两个磁极,即靠近阴极附近的阴极极靴和靠近栅极附近的屏栅磁极;

(2)由阴极极靴和屏栅磁极产生的放电室内部磁场为强烈发散的轴向磁场;

（3）阴极与主放电室由挡板分为明显的两个区域，即前面的等离子体耦合区与后面的主放电区。

3.1.2　发散场放电室工作原理

发散场直流放电室工作原理如下：阴极发射的电子在电场作用下穿过挡板通道到达主放电区，由于磁场的作用，原初电子被限制在阴极极靴平面磁极发出的、与阳极直接相交的磁力线和屏栅围成的边界内，这个区域又称为原初电子区。工质气体通过气体分配环后扩散到整个放电室，在磁场和电场作用下电子与工质气体碰撞电离，形成气体放电等离子体，等离子体也基本限制在原初电子区域内[2,3]。

一般情况下小功率离子推力器选择发散场直流放电室较为适宜，理由是该放电室类型在小功率时性能与其他类型放电室相当，但是结构简单，磁场布局容易实现，体积和重量有明显的优势。

3.1.3　发散场放电室设计方法

发散场直流放电室工作过程很难用一个或一组确定的物理表达式来描述，其工作参数与几何参数之间没有确定的对应关系。自从 20 世纪 60 年代发散场离子推力器开发研制以来，通过国内外研究人员的持续探索，逐步建立了基于试验和数值仿真的设计方法[4-9]。

（1）经验公式法。参考前人在试验结果基础上总结的经验性规律进行工作参数和几何参数的设计。

（2）半经验公式法。参考前人通过试验结果对理论推导进行修正而建立的半经验性规律进行工作参数和几何参数的设计。

（3）数值仿真分析法。根据磁场、电场、等离子体基础理论，结合设计对象雏形开展磁场、电场和等离子体特性分布仿真计算，利用仿真结果开展工作参数和几何参数的设计。

在发散场直流放电室设计中，很少独立采用上述某一种方法完成全部设计，而须综合采用上述几种方法完成。

3.2　发散场放电室设计要点

放电室既是构成限制等离子体的边界，更是控制等离子体运动的空间，放电室形成动态存取离子的"离子库"，直接关系到离子推力器性能的好坏。放电室设计的依据来源于推力器的主要参数，如束流、效率、束流口径等。根据发散场直流放电室的特点，为了满足推力器工作参数要求，其设计要点体现在以下几个方面：

（1）放电室性能参数设计，包括阳极电流、阳极流率、阴极与阳极最佳流率比、工质利用率等；

（2）放电室口径设计；

（3）放电室长径比设计；

（4）放电室特征点磁场及磁场发散度的确定；

（5）磁极结构尺寸设计；

（6）挡板尺寸设计；

（7）阴极位置设计；

（8）放电室整体结构设计。

3.2.1　发散场放电室几何参数设计

1. 放电室口径设计

在发散场直流放电室设计时，放电室口径是首先要确定的特征几何参数，它基本决定放电室的工作能力，也就是产生等离子体的量。放电室其他几何参数和磁场主要基于放电室口径开展设计。放电室口径一般取束口径的 $1.0 \sim 1.2$ 倍。

2. 放电室长径比设计

电子与气体原子的相互作用、能量和动量的转移、离子由等离子体内部向边界的输运过程等，都限制在等离子体边界之内，因此等离子体的几何形状必然影响等离子体的行为和特性，而等离子体的几何形状又与放电室的几何形状有关。放电室长径比是指有效放电室长度 L_d（阴极极靴端面到屏栅栅面的轴向距离）与放电室口径 D_d（阳极筒内径）之比，它是影响放电室性能的重要参数之一，对每种口径的发散场离子推力器都存在最佳值。当放电室口径 D_d 确定后，长度 L_d 就是影响该放电室性能的重要参数。

为了建立几何结构与性能之间的联系，定义原初电子区的"特征长度" L_c 如下：

$$L_c = \frac{\Omega_p}{A_p} \tag{3-1}$$

式中，Ω_p 为原初电子区的体积；A_p 为原初电子区的包围面积。

发散场直流放电室的性能与原初电子区的特征长度 L_c 密切相关。研究表明，不同口径放电室特征长度的最佳值基本上是单值。图 3-2 给出由实验得出的 L_c 与 D_d 最佳化关系曲线。

原则上讲，只有原初电子碰撞原子产生电离所需的时间（称为特征时间）小于

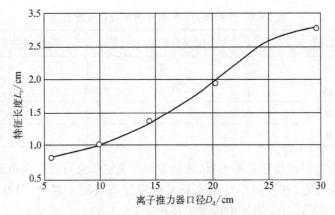

图 3-2　特征长度与离子推力器口径最佳化关系曲线

中性原子在原初电子区存留的时间时,才能有效激发等离子体,因此要求 L_d 满足以下条件:

$$L_d > \frac{\bar{v}_0}{n_{ep}\sigma_i v_{ep}} \qquad (3-2)$$

式中,$\bar{v}_0$ 为中性原子算术平均速度; v_{ep} 为原初电子速度; σ_i 为电离截面面积; n_{ep} 为原初电子浓度。

D_d 与 L_d 的实验经验关系为

$$\omega_e L_d > \frac{et_e B D_d}{2m_e} \qquad (3-3)$$

式中,ω_e 为电子在放电区的振荡次数; m_e 为电子质量; t_e 为电子在放电区的张弛时间。

综合式(3-1)~式(3-3)可知,L_d、D_d 和 B 必然与特征长度 L_c 相关。

实验发现并由理论证实的临界磁场概念表明,当轴向磁场超过临界 B_c 时,等离子体出现螺旋性不稳型反常扩散。在通常工作条件下有如下关系:

$$B_c D_d = 常数 \qquad (3-4)$$

因此,由式(3-3)和式(3-4)可推定,发散场放电室存在 L_d/D_d 近于恒定的关系。由最佳化性能实验数据可得出半经验公式:

$$L_d = \frac{D_d/2}{0.55(\Omega_p/A_p)} = \frac{D_d}{1.1L_c} \qquad (3-5)$$

表 3-1 给出几种典型口径放电室的特征长度数据。

表 3-1　几种典型口径放电室的特征长度数据

放电室直径 D_d /cm	特征长度 L_e /cm	较佳放电室长度 L_d /cm
10	1.0	9.0
15	1.4	9.7
20	1.7	10.7
30	2.3	11.9

对于放电室口径确定的推力器,适当增加放电室长度可以提高电离效率,但是束流平直度会变差,相反减小放电室长度可以提高束流平直度,但电离效率会下降。因此,在实际设计中需折中选取长径比。

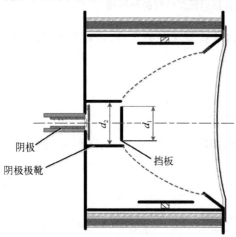

图 3-3　带挡板的发散场放电室
结构示意图

阴极
阴极极靴
挡板

3. 挡板直径设计

在发散场放电室磁场构型条件下,为了使空心阴极发射的电子受到磁场约束向最佳放电区域扩散,从而提高电离率和改善束流均匀性,在阴极极靴端面增加挡板是有效的,这样可控制阴极发射电子的分布。图 3-3 为带挡板的发散场放电室结构示意图。

挡板将放电室分成主放电区和等离子体耦合区。挡板与阴极极靴构成的通道结构对放电室性能至关重要,通道尺寸严重影响进入放电室的原初电子能量和速度分布,进而影响放电室性能。以发散场放电室内部等离子体的运动方程和扩散方程为理论基础,通过等离子体参数与离子推力器宏观工作参数之间的关系,可以推导出挡板直径的理论计算模型[10],如式(3-6)所示。

$$d_1 = \frac{256 D_B (I_d - I_b)\overline{B}}{5\pi e (n_m + n_c)(V_d - V_k)} - d_2 \qquad (3-6)$$

式中,D_B 为玻姆(Bohm)扩散修正系数;$\overline{B}$ 为通道内的平均磁感应强度;d_2 为阴极极靴内径;d_1 为挡板外径;I_d 为放电电流;I_b 为束流;V_d 为放电电压;V_k 为触持极电压。

由于式(3-6)只能进行挡板直径的大致估算,还需要通过试验进行优化。以 LIPS-100 离子推力器为例,通过式(3-6)估算的挡板直径为 33 mm。为了得到优化的挡板尺寸,在 27 mm、33 mm、38 mm 之间取三个挡板直径设计尺寸。针对三种不同直径的挡板,分别开展优化试验,试验结果如表 3-2 所示[11,12]。

表 3-2　三种挡板直径放电室性能优化试验结果

挡板直径/mm	放电损耗/(W/A)	放电室工质利用率/%
27	251	91
33	274	91
38	316	91

由表 3-2 中数据可知,挡板直径为 27 mm(小于理论计算值)的放电室综合性能最优,同时试验结果表明,优化的挡板直径与理论计算值的偏差在 25%左右。因此,挡板直径理论设计模型用于挡板直径优化的初始参考基准,可减少优化试验量。

3.2.2　发散场放电室工作参数设计

1. 阳极电流的估算

直流放电离子推力器额定工作点束流与阳极电流之间的比例一般满足以下经验关系式:

$$I_b \approx (0.15 \sim 0.20)I_d \qquad (3-7)$$

在确定放电室初步工作参数时,可通过式(3-7)估算阳极电流。一般而言,口径较小的推力器取上限,口径较大的推力器取下限。

束流与阳极电流之间的比例关系,实际上要受到推力器口径、磁场结构类型、离子光学系统性能、空心阴极性能等因素的影响,因此最佳阳极电流还需要通过优化试验确定。对于需要推力宽范围调节的直流放电离子推力器,其放电室最佳工作区域的阳极电流可通过式(3-7)初步确定,其余工作点的阳极电流主要依靠试验确定。

2. 放电室工质流率和流率比估算

离子推力器总流率由推力和比冲决定,估算关系式如下:

$$\dot{m}_p = \frac{F}{I_{sp}g} \qquad (3-8)$$

发散场放电室流率一般占总流率的 90%~92%,由此可估算出放电室流率。

放电室流率比是指阴极流率与阳极流率之比。一般情况下阴极流率与阳极流率在 0.05~0.20,不同的推力器流率比不同,存在一个最佳值。在保持放电室总流率不变的条件下,放电室流率比需要通过试验确定。

对于需要推力宽范围调节的离子推力器,应首先确定放电室最佳工作区域的流率和流率比,然后确定其余工作点的流率和流率比。

3.2.3　发散场放电室磁场及磁路设计

发散场直流放电室输运到阳极的电子由穿越磁场的扩散决定。放电室尺寸、磁场形状和磁场强度的设计必须保证电离室内的磁场强度保持在最佳磁场范围内,从而通过静电双极扩散效应来约束离子实现高效率。但是磁场不能过强,否则垂直于磁力线的扩散不能提供足够的电子电流以保持放电稳定。如果磁场太强或者与等离子体区接触的阳极面积太小,则等离子体电势相对于阳极电位会变为负值,将引出电离室中的电子。如果等离子体电势相对于阳极是负的,在给定的放电电压下原初电子能量会减少,从而强烈地影响放电效率[13]。在高放电电压情况下,考虑到离子对挡板和屏电极的溅射会显著增加,并且放电电压过高会导致过多的二价离子产生,从而显著地降低放电效率,因此放电电压不能随意地增加。

1. 特征磁场设计

放电室性能主要由磁场的发散度、特征点的磁场强度、放电室长径比决定。放电室长径比设计已经在前文进行了论述,这里对特征磁场的设计进行介绍。

为了确定较佳的工作磁场,必须先确定临界磁场。在放电室中施加正交电磁场使电子做螺旋运动,把电子的有效电离路程限制在放电室范围,同时防止电子直接运动到阳极。但磁场一旦超过临界磁场就出现电子反常扩散现象:一方面造成等离子体、电子快速横越磁力线而消失;另一方面高浓度区域的等离子体旋转到阳极面也造成大量电子被阳极吸收。如要继续维持稳定放电,必须提高阴极的电子发射量,否则放电不稳定或等离子体熄灭。

临界磁场是指等离子体柱状体波峰正好旋转到阳极表面时的磁场 B_c。为了推证临界磁场与有关参数的定量关系,采用扰动引起等离子体振荡,求解振荡发生和增长的条件来判断临界磁场。首先应明确,存在轴向磁场和径向电场是产生这种电子反常扩散的必要条件,磁场必须大于 B_c 是充分必要条件。临界磁场 B_c 的数学公式为

$$B_c = \frac{7.6}{D_d} \frac{m_e v_{er}}{e} \sqrt{\frac{\langle \sigma_{en} v_e \rangle}{3 \langle \sigma_i v_e \rangle}} \tag{3-9}$$

式中,v_{er} 为电子径向速度;v_e 为电子速度;σ_{en} 为电子与中性原子的碰撞截面。$\langle \sigma_i v_e \rangle$ 与 $\langle \sigma_{en} v_e \rangle$ 表示按电子速度分布求平均,虽然很难计算,但是关系式明确了临界磁场 B_c、放电室口径 D_d 与电子速度的关系。

发生反常扩散的重要标志是,等离子体噪声和放电功耗偏离经典规律。后一种现象为实验确定 B_c 值提供了实验依据。有相关理论可以推导出放电损耗与磁场的关系:

$$\varepsilon_{\text{loss}} = \frac{9.6\pi m_e (kT_e/e) L_{an} V_d \mathbf{J}_1}{e\tau_e B^2 D_d v_{ib}} \tag{3-10}$$

式中, L_{an} 为阳极长度; τ_e 为电子平均自由程时间; v_{ib} 为离子玻姆速度; $\mathbf{J}_1$ 为电子电流密度一级贝塞尔函数。式(3-10)表示经典的放电损耗与磁场的关系为 $\varepsilon_{\text{loss}} \propto 1/B^2$。

如果存在反常扩散,则电子电流密度中将出现反常分量,放电损耗与磁场的关系将转变为 $\varepsilon \propto 1/B$。因此,可由实验来测定放电损耗与磁场之间的关系,并通过二者之间关系由 $\varepsilon \propto 1/B^2 \to \varepsilon \propto 1/B$ 的转变点确定临界磁场 B_c。提高磁场可减小电子拉莫尔半径,增加电子在放电室的存留时间和电离碰撞次数,同时提高电子横越磁场的限制,使得放电损耗随之减少。当 B 接近 B_c 值时,放电室工作将变得不稳定,放电损耗急剧增大。所以,最佳磁场应选取小于 B_c,如将式(3-6)可改写为

$$\frac{D_d}{m_e v_{er}/(eB_c)} = 7.6\sqrt{\frac{\langle \sigma_{en} v_e \rangle}{3\langle \sigma_i v_e \rangle}} \tag{3-11}$$

并规定 $r_e(D_d) = m_e v_{er}/(eB_c)$ 为临界磁场电子拉莫尔半径,在 D_d 变化不大的情况下,则可推导出

$$\frac{D_d}{r_e B_c} \approx 常数 \tag{3-12}$$

式(3-12)给出了放电室口径与临界磁场之间的近似关系。

依靠实验来确定临界磁场,因工作条件不同会有些差异。对曲线拐点的断定也有一定的偏差,但一般不超过 10%,表3-3中给出各种发散场直流放电室口径对应的 B_c、B_{op} 和 r_e 数据。

表3-3 各种发散场直流放电室口径对应的 B_c、B_{op} 和 r_e 数据

放电室直径 D_d /cm	临界磁场 B_c /10^{-4} T	最佳工作磁场 B_{op} /10^{-4} T	电子拉莫尔半径 r_e /cm
10	35	31.5	0.83
12	30	26.0	1.06
15	24	21.5	1.19
20	19	17.0	1.43
30	13	11.7	2.11
50	7	6.3	3.50
150	2	1.8	12.5

使用表 3-3 数据和式(3-4)可以给出 B_c、D_d 和最佳工作磁场 B_{op} 的经验公式：

$$B_c D_d \approx 370 \sim 300(\times 10^6 \text{T} \cdot \text{m}) \qquad (3-13)$$

$$B_{op}/B_c \approx 0.9 \qquad (3-14)$$

最佳工作磁场是指磁铁通过磁路在阴极极靴下游轴上产生的最大磁感应强度值。通常这个最大磁感应强度值位于阴极极靴端面下游 $10 \sim 20$ mm 处。发散场直流放电室的最佳工作磁场很难用准确的理论计算模型，主要依靠经验公式加实验的方法获得。最佳工作磁场应以离子推力器实现较低的放电损耗、较高的工质利用率以及较好的束流平直度要求为标准，当然这三个指标的实现是相互制约的，应综合考虑确定最佳工作磁场。

2. 磁路结构设计

磁场构型决定放电室原初电子区的形状和等离子体的形状，也就进一步决定放电室的性能，而磁场构型由磁路结构尺寸决定。发散场直流放电室的磁场由阴极极靴、屏栅极靴、挡板、柱形磁铁和磁路组成。其中，阴极极靴和屏栅极靴尺寸是影响放电室性能的主要参数。

1) 阴极极靴设计

阴极极靴尺寸直接关系着原初电子区的磁力线分布，对放电室性能影响较大。阴极极靴结构最优化研究表明，阴极极靴尺寸存在以下经验化关系式：

$$D_K \approx 0.4 D_d$$
$$L_K \approx 0.5 D_K \qquad (3-15)$$

式中，D_K 为阴极极靴内径；L_K 为阴极极靴高度。

图 3-4、图 3-5 分别是美国 SERT(space electric rocket test)-Ⅱ任务 15 cm 离子推力器阴极极靴长度和阴极极靴直径与放电损耗关系最优化实验结果。可以看出，该推力器的最优阴极极靴长度为 $2 \sim 4$ cm，最优直径约为 6 cm。该结果与利用经验公式计算的结果非常吻合。

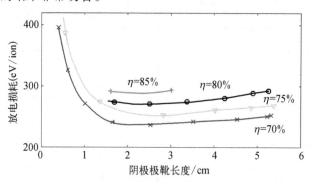

图 3-4　阴极极靴长度与放电损耗关系

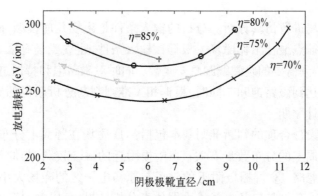

图 3-5　阴极极靴直径与放电损耗关系

2）屏栅极靴设计

屏栅极靴的关键作用是控制磁力线形状和磁场发散度,为了保证放电室的性能较佳,发散场放电室磁场发散度一般取 0.75~0.85 为宜。磁场发散度计算公式为

$$k_d = \frac{D_S - D_K}{L_{C1}} \tag{3-16}$$

式中, D_S 为屏栅极靴端面直径; L_{C1} 为阴极极靴端面到屏栅极靴端面的垂直距离。一般情况下,屏栅极靴端面直径 D_S 不应小于推力器束流口径。

3）磁铁设计

发散场放电室磁场既可以由电磁铁产生,也可以由永磁铁产生。电磁铁便于调节磁场强弱,对于推力宽范围可调要求,电磁铁能保证良好的调节性能和调节精度。永磁铁结构简单,不需要供电电源,适用于固定工作点或调节范围不大的离子推力器。

电磁铁设计内容主要有电磁铁根数确定、安匝数确定、磁芯结构尺寸设计、电磁线圈导线的选择等。电磁铁根数的确定主要由推力器口径、结构布局、整机力学性能以及磁场在圆周方向的均匀性要求决定,建议 10 cm 口径推力器的电磁铁根数不少于6 根、20 cm 口径推力器的电磁铁根数不少于 8 根。安匝数由最佳工作磁场决定,安匝数通过磁场仿真计算确定。磁芯结构尺寸由力学性能和最大磁场下的磁芯饱和磁场决定,一般通过仿真分析计算获得。导线材料要选择电导率高、绝缘良好的耐高温导线。

永磁铁设计主要内容为磁性材料选择、磁铁根数确定、结构尺寸的设计。磁性材料一般选择较高剩磁、矫顽力和退磁温度（居里点）的永磁材料。磁铁根数的确定原则与电磁铁相同。永磁铁一般选择细长圆棒,长径比大于 4 即可。

3. 磁场参数的仿真计算

对于发散场直流放电室,当工作磁场和磁路结构设计完成后,需要通过磁场仿真确定永磁铁结构参数或电磁铁的安匝数、磁场构型和分布的合理性等。

对于螺线管电磁场的仿真计算步骤如下：根据磁路结构设计方案,利用磁场分析软件对磁场进行仿真分析。分析的输入条件是磁场几何模型、磁性材料属性以及计算的特征点最佳工作磁场。根据该输入条件,建立磁场有限元模型。通过对模型求解,得到需要的励磁线圈总安匝数。同时对磁路饱和特性进行分析,验证磁路结构是否达到磁路饱和。同时,根据相关准则判断分析获得的磁场构型与分布是否符合设计预期。

磁路结构设计合理的判断准则基本包括: ① 磁场在圆周上分布的均匀性,主要与磁铁在圆周上的分布数量有关; ② 阳极附近的磁场较弱,与原初电子区的磁场大小相比可忽略; ③ 屏栅极附近的磁场与原初电子区的磁场大小相比可忽略。图 3-6 和图 3-7 是某口径离子推力器仿真分析结果,可以看出磁场的构型与分布比较合理。图 3-6 为最佳磁场下放电室中心轴纵截面磁场力线分布图,图 3-7

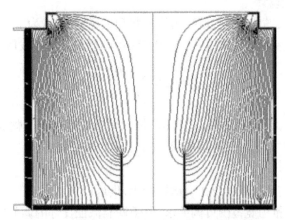

图 3-6　放电室中心轴纵截面磁场力线分布图

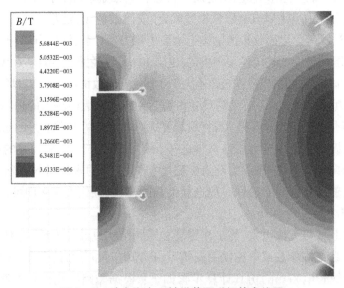

图 3-7　放电室中心轴纵截面磁场等高线图

为最佳磁场下放电室中心轴纵截面磁场等高线图。

3.3　发散场放电室性能调节与优化设计

3.3.1　放电室连续调节设计

发散场放电室磁场结构简单,利用螺线管电磁铁励磁电流调节可以实现宽范围放电参数连续调节,从而实现推力的宽范围连续调节。推力调节一般采用调节阳极流率、阳极电流和励磁电流实现推力的连续调节。这三个参数与推力并没有直接的线性关系,某一推力水平的产生可以是一定范围值内三个参数的多种组合而不是唯一确定值。目前还不能通过基本理论分析明确输入参数与推力变化之间的定量调节关系,因此推力调节的关系式只有通过试验数据的数学拟合获得。

对于推力大比例调节,放电室采取以下方案来满足调节需要:

(1)磁场采用能进行宽范围参数调节的电磁场;

(2)阳极电流宽范围连续可调;

(3)阳极流率宽范围连续可调;

(4)阴极触持极电流和流率保持不变。

试验研究结果表明,小推力下的工质利用率下降和放电损耗上升比较明显,这是离子推力器大范围调节的必然结果,在宽范围调节的需求下,这并非关注的重点。因为推进剂量和航天器提供的功率都是按照最大推力工作点考虑的,远远满足低功率下的需求。在工程设计中关注的重点是,推力输出的稳定性和推力调节的精细程度。

3.3.2　放电室与阴极耦合匹配设计

放电室与阴极耦合匹配设计是放电室优化设计的重要内容之一,基本方法已经在本书 2.4 节中叙述,不再重复。这里主要讨论阴极位置优化设计。

确定阴极顶端面在放电室中的位置主要靠试验摸底,但是在设计初期应有基本的估算,主要遵循以下原则:

(1)阴极顶端面至少应与阴极极靴底面平齐,不能伸入阴极极靴内,否则造成阴极极靴内等离子体浓度和电子温度非正常增加,导致离子在阴极极靴壁面损失急剧增大,因而使得放电损耗增加;

(2)阴极顶端面伸入阴极极靴中的深度不能过大,否则会导致放电不稳定甚至熄弧;

(3)一般而言,阴极顶端面在阴极极靴底面稍外为最佳位置,具体位置可通过试验确定。

3.3.3 放电室与离子光学系统匹配优化设计

发散场放电室离子密度均匀性较差,而栅极小孔聚焦性能与离子密度直接相关。如果离子光学系统采用相同孔径结构,离子密度小的区域或离子密度大的区域可能会出现过聚焦或欠聚焦,导致栅极打火增加并严重影响栅极寿命。为解决栅极可靠性和寿命问题,需要进行放电室与离子光学系统匹配优化设计。

首先,通过放电室等离子体诊断和仿真计算确定后级栅极无截获离子电流的最小束流密度和最大束流密度。然后,通过放电室优化提高放电室出口界面的等离子体均匀性,主要方法是优化磁场和挡板通道面积。若放电室优化还不能使引出束流平直度达到期望值,可采用屏栅极变孔径设计进一步优化。

一味追求束流平直度会使放电电压升高、放电损耗增大,反过来又会影响栅极寿命及可靠性。放电电压升高将加剧屏栅刻蚀,放电损耗增加将导致栅极热变形增大。因此,放电室与离子光学系统匹配优化设计在工程设计上要采用折中优化方法,在满足技术指标条件下,优先考虑可靠性,其次考虑寿命,最后考虑性能。

3.3.4 放电室综合性能优化

放电损耗和气体工质利用率主要决定放电室工作性能,等离子体均匀性也是放电室性能的表征之一,可用束流平直度来衡量。优异的放电室性能主要依靠磁场和放电室结构的优化来实现,阴极与放电室、离子光学系统与放电室的匹配性也是保证放电室性能的重要因素。

放电室工质利用率为引出束流与放电室总流率之比,计算公式如下:

$$\eta_{\mathrm{m}} = \frac{I_{\mathrm{b}}}{\dot{m}_{\mathrm{d}}} \times 100\% \qquad (3-17)$$

式中,I_{b} 为引出束流;$\dot{m}_{\mathrm{d}}$ 为放电室总流率。放电室工质利用率一般在 90% 以上。

放电损耗为放电室总功耗与束流之比,计算公式如下:

$$\varepsilon_{\mathrm{loss}} = \frac{(U_{\mathrm{d}}I_{\mathrm{d}} + U_{\mathrm{k}}I_{\mathrm{k}})}{I_{\mathrm{b}}} \qquad (3-18)$$

式中,U_{d}、I_{d}、U_{k}、I_{k} 分别为阳极电压、阳极电流、触持极电压、触持极电流。

一般情况下,工质利用率、放电损耗和束流平直度相互制约,需要综合考虑和优化折中。

影响放电室性能的设计参数主要有磁场性能和结构参数、放电室长径比、放电室流率比、阴极结构和性能参数、挡板直径等。这些参数的初步设计都是在经验或半经验设计方法的指导下完成的,必须借助试验手段对各种参数进行优化。其主要方法是通过调节放电室几何特征参数、励磁电流大小并配合流率调节开展放电室性能优化试验,根据试验结果对几何特征参数、物理参数进行改进设计,从而获得较理想的结果。

经过多年的研究和大量试验,国内外已经建立了发散场离子推力器设计的相似率缩比法。因此,在设计中可以采用已经获得的缩比准则对结构参数通过初步设计给出初始值,然后在结构参数优化试验中进一步改进。

在总流率一定的条件下,放电室阴极流率与阳极流率存在一个最佳分配比例。最优的流率比需要通过优化试验确定。利用如图 3 - 8 所示的放电室流率比与放电损耗的关系曲线,放电损耗最小值对应最佳放电室流率比。

离子推力器根据经验公式设计特征磁场值,但根据经验公式设计的结果往往会存在一定的偏差,因此具体的最佳磁场大小还需要通过试验优化确定。图 3 - 9 是发散场直流放电室励磁电流与放电损耗的关系曲线,放电损耗最小值对应最佳励磁电流。

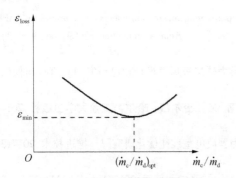

图 3 - 8 放电室流率比与放电损耗的关系曲线

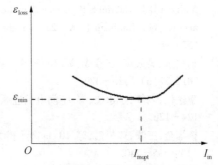

图 3 - 9 发散场直流放电室励磁电流与放电损耗的关系曲线

放电室综合性能应该是各项指标折中优化的结果。在一定范围内变化时,放电损耗工质利用率之间存在一定关系,如图 3 - 10 所示。在较宽的工质利用率范围内,放电损耗保持在较低值,当工质利用率达到一定值时,放电损耗增长较快,存在一个拐点。一般在离子推力器放电室优化设计时,考虑综合工作性能,确定一个较佳的工作点,使得放电损耗不太大,而工质利用率保持较高水平。

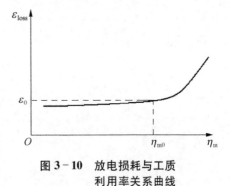

图 3 - 10 放电损耗与工质利用率关系曲线

参考文献

[1] 刘金声. 离子束技术及应用[M]. 北京:国防工业出版社,1995:1 - 24,107 - 122.

[2]　Kaufman H R. Inert gas thrusters [J]. NASA－CR－159813, 1976.

[3]　Goebel D M, Ktz I. Fundamentals of electric propulsion: ion and hall thruster [M]. La Canada Flintridge: Jet Propulsion Laboratory, 2008: 100－102.

[4]　Wells A A, Harrison M J. Experimental studies of ion loss, energy balance and ion extraction in a SERT Ⅱ type ion thruster [C]. Stanford: 8th Electric Propulsion Conference, 1970.

[5]　Ogunjobi A, Menart A. Computational study of maget placement on the discharge chamber of an ion engine [C]. Tucson: 41st AIAA/ASME/SAE/ASEE Joint Propulsion Conference & Exhibit, 2006.

[6]　Andrews J G, Allen J E. Theory of a double sheath between two plasmas [J]. Proceedings of the Royal Society A: Mathematical, Physical and Engineering Sciences, 1971, 320(1543): 459－472.

[7]　Hamberger S M, Jancarik J. Dependence of "Anomalous" conductivity of plasma on the turbulent spectrum [J]. Physical Review Letters, 1970, 25(15): 999－1002.

[8]　Malik A K. Role of magnetic field in kaufman type electrostatic ion thrusters [C]. Las Vegas: IEPC－99－141, 1999.

[9]　Milligan D J, Gabriel S B. Generation of experimental plasma parameter maps around the baffle aperture of a Kaufman (UK－25) ion thruster [J]. Acta Astronautica, 2009, 64(9－10): 952－968.

[10]　杨福全,吴辰宸,江豪成,等. 10 cm 离子推力器挡板通道设计模型研究[J]. 真空与低温, 2015,21(6): 326－329.

[11]　于达仁,刘辉,丁永杰,等. 空间电推进原理[M]. 哈尔滨: 哈尔滨工业大学出版社,2014: 124－126.

[12]　杨福全,王蒙,郑茂繁,等. 10 cm 离子推力器放电室性能优化研究[J]. 推进技术,2017,38 (1): 235－240.

[13]　郑茂繁,江豪成. 离子推进器性能评价方法[J]. 真空与低温,2012,18(4): 223－227.

第4章
环形会切场放电室技术

4.1 环形会切场放电室简介

4.1.1 环形会切场放电室结构组成

环形会切场又称为环形磁体会切场,放电室典型结构如图4-1所示,主要由若干组环形磁体组件、阳极、气体分配器和其余结构支撑件组成。环形磁体组件由环形磁体和结构固定件组成,环形磁体一般由小磁块拼接而成,有径向充磁和轴向充磁之分,充磁方向和磁块大小由放电室磁场的具体构型和磁场强度决定。

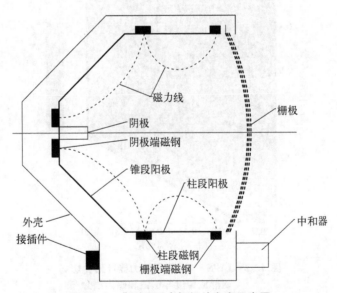

图4-1 典型环形会切场放电室示意图

环形磁体的材料大都为钐钴磁体,有较高的容许工作温度(250~550℃)、比较稳定的磁场强度以及较高的抗辐射能力。固定磁体的金属结构件,是根据各个具体磁体的尺寸、固定位置和形式等设计的,材料要求轻质、耐高温、不导磁、力学性能好等,一般为钛合金、铝合金等。

供气管路的结构形式和发散场放电室及柱形磁体会切场放电室基本一致,可根据实际需要设置在放电室阳极内的任意位置,一般固定于靠近主阴极或栅极的放电室内壁上,形状一般为圆管盘成的圆环或截面为矩形的空心管,上面有多个均匀分布的出气小孔,材料要求具有良好的焊接性能、力学性能、耐高温性和抗离子溅射能力,一般为不锈钢或钛合金。

阳极为圆筒或锥形筒结构,材料为无磁金属材料,一般为钛合金或铝合金。

4.1.2　环形会切场主要特征

1. 环形会切场与发散场的比较

发散场一般有两个磁极组件,通过导磁材料将磁场引入放电室,磁力线从阴极指向栅极边缘,存在较大的径向磁场,而环形会切场一般由无极靴、屏栅筒和至少三个磁环组成,将磁极固定在阳极上,磁极与阳极表面垂直,在放电室内形成会切磁场,两磁极之间磁力线基本与阳极表面平行,放电室中心具有较大的磁空区。图 4-2 给出我国 LIPS-400 离子推力器环形会切场磁感应强度等值线和磁力线分布[1],其中,B 代表实际的磁感应强度;B_0 为归一化系数。B/B_0 表示归一化后的磁感应强度。

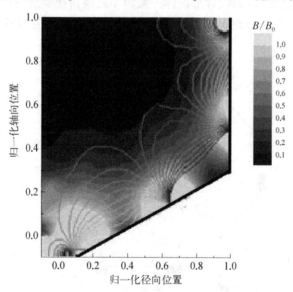

**图 4-2　LIPS-400 离子推力器环形会切场
磁感应强度等值线和磁力线分布**

另外,发散场为了改善束流均匀性要在阴极前端加挡板,将放电室分成两个放电区域,而环形会切场无挡板。阴极挡板在推力器工作过程中要经受离子的轰击、溅射、刻蚀,这使得阴极挡板成为另一个影响推力器可靠性和寿命的零件。

2. 环形会切场与柱形会切场的比较

柱形会切场(具体见本书 5.1 节)由多个柱形磁体和环形磁极组成,在环形磁极间沿中心轴方向布置柱形磁体,类似 C 形磁场沿环中心轴旋转一周所形成的磁路。该磁路结构将柱形磁体磁场通过环形软铁磁极导向磁极处形成会切。因此,柱形会切场暴露于放电室等离子环境中的零件多了环形磁极和未被阳极遮挡的屏栅筒,这些零件处于阴极电位,在放电室中要遭受离子的溅射、轰击,容易产生多余物。

环形会切场和柱形会切场具体差异表现在如下方面:

(1)磁路结构形式不同。柱形会切场磁体一般是圆柱状,圆柱的两端分别和相应的极靴接触,通过极靴导磁形成放电室磁场;而环形会切场磁体是环状,根据磁体整体大小、加工和充磁能力等设计为整体式或分段式,放电室磁场直接由环形磁体形成,无极靴。

(2)充磁形式不同。柱形会切场磁源可以是电磁铁,也可以是永磁体;环形会切场由于结构上的限制,磁源只能是永磁体。

(3)充磁方向不同。柱形磁体只能是轴向充磁,装配时根据磁场的设计需要可以随意改变磁极的磁性方向;而环形磁体的充磁方向可以是轴向充磁,也可以是径向充磁,径向一旦完成充磁,相应磁极的磁性方向便不可改变。

(4)阳极结构不同。柱形会切场有阳极筒和屏栅筒,屏栅筒与极靴紧密结合用于密封放电室中性气体和等离子体,阳极筒为分段结构;环形会切场只有阳极筒而没有屏栅筒,阳极筒除阴极和栅极接口外为整体密封结构,除充当阳极外,还实现放电室中性气体和等离子体密封。

3. 环形会切场的主要特点

通过以上比较,可以得出环形会切场具有如下几个特点:

(1)磁路结构简单,无极靴;

(2)除与阴极和栅极配合接口外,放电室阳极为整体密封结构,无屏栅筒;

(3)放电室遭受离子轰击的零件较少,只有屏栅极和阴极,因而放电室溅射多余物较少;

(4)放电室磁空区较大,束流均匀性好,非常适合大口径离子推力器;

(5)无法用电磁铁实现放电室磁场优化实验,放电室磁场优化实验成本较高,只能在有限实验基础上,通过理论计算确定。

4.2　环形会切场放电室设计

4.2.1　环形会切场放电室工作参数设计

1. 放电电流设计

放电电流取决于所要求的束流和放电室放电效率(放电损耗和工质利用率),目前环形会切场离子推力器在 90% 左右的工质利用率下,放电损耗一般在 120~250 W/A[2-4]。对同一离子推力器,放电损耗存在随功率增加而减小的趋势。

环形会切场离子推力器的阳极电流与束流之间一般按照以下公式估算:

$$I_d = (5 \sim 7) I_b \qquad (4-1)$$

式中,I_d 为放电电流;I_b 为束流。

2. 放电电压与流率设计

放电电压主要取决于放电室磁场、阴极流率和放电室工质利用率,放电电压与工质利用率和阴极流率典型关系[5]如图 4-3 和图 4-4 所示,为了显示放电电压对放电损耗的影响,同时给出放电损耗与工质利用率和阴极流率的典型关系。

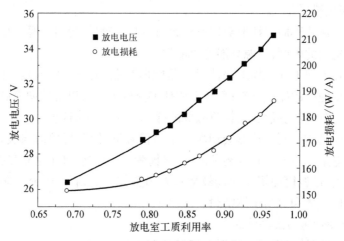

图 4-3 放电电压和放电损耗与放电室工质利用率关系曲线

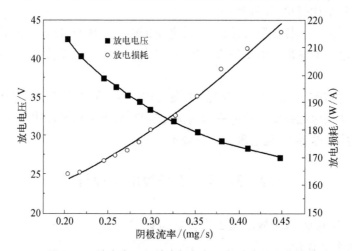

图 4-4 放电电压和放电损耗与阴极流率关系曲线

从图 4-3 可见,随放电室工质利用率的提高放电电压不断增大。放电电压越高,放电室离子对内部各电极(如屏栅极、阴极触持极等)的溅射、刻蚀越严重。随着放电室工质利用率的提高,放电损耗也呈增加趋势。在同样束电压下工质利用率越高比冲越高,即可通过牺牲一定的放电效率来实现较高的比冲,但是放电室工质利用率不宜过高,因为当放电室工质利用率较高时,较大的放电损耗会增加推力器热耗,使推力器工作温度增高,并由此导致磁体、接插件等零件的热设计困难。

从图 4-4 可见,在一定的放电室工质利用率下,随着阴极流率的增加,放电损耗增加,而放电电压减小。因此,可通过调节阴极流率来降低放电电压,从而减小离子对屏栅极的溅射速率。

一般情况下,通过放电电压和放电损耗与工质利用率关系曲线,先确定放电室工质利用率,并得到放电室总流率;再通过阴极流率与放电电压和放电损耗关系曲线确定阴极流率。

尽管确定原则为工质利用率越高越好、放电电压和放电损耗越低越好,但由于三者之间存在制约相关性,须根据推力器用途权衡确定。放电电压一般在 24 ~ 30 V[6-11],放电室工质利用率在 70% ~ 95%。

4.2.2 环形会切场放电室特征几何参数设计

1. 口径设计

放电室口径的确定是放电室特征几何参数设计的切入点,其他特征几何参数均可以通过经验公式和放电室口径建立量化关系。

束流口径主要取决于栅极的引出能力。栅极可引出极限束流密度 $j_{b.lim}$ [12] 为

$$j_{b.lim} = 4.771 \times 10^{-9} \frac{V_t^{3/2}}{(l_g + t_s)^2 + (d_s/2)^2} \tag{4-2}$$

式中,V_t 为总加速电压,$V_t = V_b + |V_a|$;V_a 为加速栅极电压;l_g 为屏栅极与加速栅极间距;t_s 为屏栅极厚度;d_s 为屏栅极孔径。

一般栅极的最大工作束流密度不超过其极限束流密度的 80%[13-15]。推力器最大束流除以最大工作束流密度得到束流横截面面积,再利用圆面积计算公式得到束流口径。

放电室口径一般大于束口径,但不超过束口径的 1.2 倍。放电室柱段阳极直径一般为"栅极最大开孔区域直径+(20~30)mm",具体参数需和放电室磁场构型等设计一起综合考虑决定。

2. 几何构型设计

锥段-直段型放电室具有最长的原初电子约束长度,放电效率最高,并且随着束流口径的增加,该优势更加明显。因此,一般均采用锥段-直段型放电室几何结构。

3. 放电室长径比设计

放电室长径比是离子推力器放电室特征参数之一,需要折中考虑确定。选择较

长的放电室长度,增大工质气体分子在离子推力器的存留时间,有利于提高工质利用率。但较大的放电室长度会减小放电室中原初电子的密度,降低电离效率。

目前,离子推力器长径比一般在 0.4~1 内分布。

4. 主阴极位置

阴极顶的位置决定了原初电子的发射位置,阴极顶位于最大轴向场强处,阴极出口附近磁等势线略微沿轴向突出后,随即迅速衰减[16]。其形成的磁力线在阴极出口处沿径向发散,磁场强度沿轴线快速衰减,约束原初电子远离中心轴,并减小中心轴对原初电子的约束,以达到兼顾电离效率和束流均匀性的目的。

5. 供气方式

束流均匀性取决于栅极上游放电室等离子体密度分布均匀性和离子光学系统引出性能,等离子体密度取决于原初电子分布和中性原子浓度及分布,因此在高性能离子推力器设计中,供气方式的设计是不能忽视的。一般采用栅极出口反向供气方式有助于高束流均匀性的实现。

4.2.3　环形会切场磁路与磁场设计

1. 磁极数设计

磁极越多,磁间距越小,特征磁场线越靠近阳极,由此带来的束流均匀性越好,但同时导致电子在阳极上的损耗面积也越大,原初电子约束路径越短,放电损耗越高。因此,需要对磁极数进行优化设计,不是越多越好。

磁极磁感强度越大,阳极有效吸收电子面积越小,阳极壁面的鞘层电位随着阳极面积的减小而减小,如果阳极面积非常小,等离子体电位将变为负值。在给定的放电电压情况下,该负等离子体电位将使得原初电子的能量降低,从而迫使放电室内电子和中性原子的碰撞频率降低,即放电室电离率降低,放电将转变为振荡模式,变得不稳定。

磁极个数设计原则是在最少磁极数下,实现最佳放电室磁场构型,即磁场屏蔽放电室壁,放电室大部分区域为近似无场区。

2. 磁极位置

相邻磁极对之间的间距一般设计值为 11~16 cm[1,17,18],如图 4-5 所示,其中 D_{NS} 表示磁极间距。具体最佳值还需根据磁极数、放电室尺寸和构型等采用磁场仿真分析和试验优化确定。

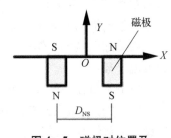

图 4-5　磁极对位置及间距示意图

3. 磁体材料

为了提高放电室内磁场强度,磁体与放电室壁间的距离应尽可能小,往往将环形磁极组件直接固定在放电室阳极壁上,磁体温度与放电室阳极温度接近。因此,磁体除要求具有大磁能积、高矫顽力外,还须具备耐高温特性。

4. 磁体尺寸

各个环形永磁体的尺寸需根据放电室磁场整体设计需求确定,一般要求放电室内部闭合磁等势线为 50 Gs[①] 左右;放电室内部出口区域磁场最弱,该区域大部分接近无场区(磁场强度小于 5 Gs),须使磁空区尽量大,以增强引出位置离子分布的均匀性[19]。

5. 放电室磁场仿真分析

放电室磁场的设计优化只能通过改变各个磁极环形永磁体的尺寸和位置来改变磁场,所以环形会切场放电室磁场设计须借助仿真计算进行优化。目前,磁场计算商用分析软件较多,环形会切场放电室磁场选用任何一款分析软件均能实现仿真分析,这里以 ansoft 软件为例进行说明。

由于环形会切场放电室为轴对称结构,可采用二维轴对称模型。一般计算区域较放电室大 20%,除轴对称边界外,其余边界为气球边界。网格划分时磁体和放电室边界采用精细化网格划分,放电室内网格可相对粗略一些。根据磁体磁滞回线参数正确设置磁体材料属性,其余材料属性设置为空气。

4.3　环形会切场放电室性能优化

4.3.1　环形会切场放电室磁场优化

放电室磁场强度越强,对原初电子的约束时间越长,放电效率越高,同时离子穿越磁场的双极扩散速率也越小。因此,为追求高效率需增强放电室磁场强度,但是放电室磁场强度的增加,将减小磁空区,使束流均匀性变差。图 4-6 给出我国

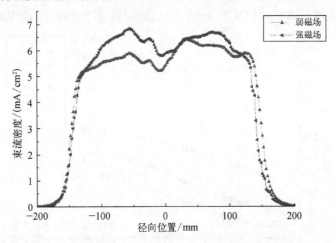

图 4-6　LIPS-300 离子推力器两种磁场强度下束流密度径向分布测试结果

---

① 1 Gs = 10⁻⁴ T。

LIPS-300 离子推力器两种磁场强度下束流密度径向分布测试结果。同样功率下弱磁场束流更宽,束流密度峰值更低,但是弱磁场相比强磁场放电损耗增加。

4.3.2　环形会切场放电室多模式调节设计

环形会切场放电室具有良好的宽范围调节特性,能实现宽功率范围稳定工作。环形会切场放电室宽范围调节必须解决以下两个技术问题:

1. 低功率下放电稳定性技术

虽然通过高磁场强度约束原初电子运动,延长原初电子在放电室内的停留时间,提高了原初电子和中性气体之间的碰撞概率,实现了推力器高效率,但在高的磁场强度下,阳极吸收面积较小,放电电流较小,在小功率下易出现放电不稳定或熄弧现象。

2. 放电室离子均匀化技术

如果离子均匀度较差时推力器中心轴线上的束流密度偏高,而周边的束流密度偏低,则大功率下在栅极中心易造成欠聚焦,小功率下在栅极边缘易造成过聚焦,束流离子对加速栅极和减速栅极的直接轰击会使推力器寿命大幅缩减。

因此,功率宽范围可调环形会切场离子推力器设计,要通过牺牲一定的效率,提高低功率下放电电流和束流均匀性。

4.3.3　环形会切场放电室电气参数优化

当 LIPS-400 推力器放电室工质利用率为 90% 时,图 4-7 给出不同束流下放电损耗与阴极流率的变化关系,可以看出随阴极流率的增加,放电损耗单调增大,似乎阴极流率越小越好。但从图 4-8 可见,随阴极流率的减小,放电电压增大,高

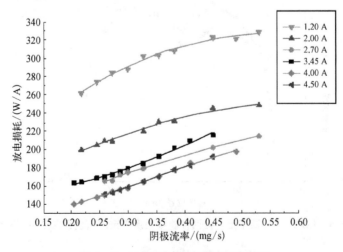

图 4-7　阴极流率对放电损耗的影响

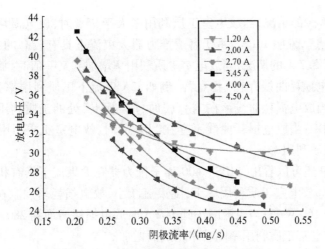

图 4-8　阴极流率对放电电压的影响

的放电电压使放电室内双荷离子比和离子动能增加,对屏栅极的离子溅射、刻蚀速率加快。综合图 4-7 和图 4-8 可以看出,追求高效率应该选择较小的阴极流率,但追求长寿命应该选择较大的阴极流率。因此,应根据效率和寿命进行权衡确定离子推力器的最佳阴极流率。

从图 4-8 还可以看出,当束流不小于 3.45 A 时,随阴极流率的减小,放电电压与阴极流率的关系曲线上出现"拐点",在阴极流率小于拐点值后,放电电压对阴极流率变得非常敏感。一般将放电电压小于 30 V、阴极流率值大于放电电压与阴极流率关系曲线中"拐点"值、放电损耗取最小的阴极流率确定为该束流下的最佳阴极流率。

图 4-9 给出不同束流下,放电损耗与放电室工质利用率的关系曲线。对于束

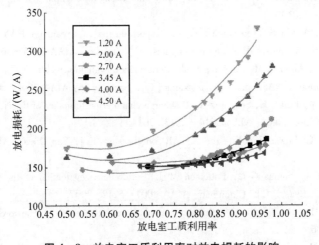

图 4-9　放电室工质利用率对放电损耗的影响

流不小于 3.45 A 的情况,当放电室工质利用率大于 95% 时,放电损耗曲线仍未出现明显的"拐点",说明 LIPS - 400 离子推力器大束流下具有较高的工质利用率。对于束流小于 2.7 A 的情况,当放电室工质利用率增加到某一值时,放电损耗开始迅速增大,放电损耗曲线存在"拐点"。例如,2A 束流下工质利用率为 85% 的点。一般情况下,当放电损耗曲线存在"拐点"时,取"拐点"处的工质利用率为最佳放电室工质利用率;当放电损耗曲线不存在"拐点"时,放电室工质利用率取 92% 为最佳放电室工质利用率。

从图 4 - 9 还可以看出,LIPS - 400 离子推力器在大束流下具有相对较低的放电损耗,在 90% 放电室工质利用率下,随束流减小,放电损耗增加。在 4.5 A 束流时放电损耗为 160 W/A;当束流减小到 1.2 A 时放电损耗增加到 280 W/A。因此,一般情况下放电室工质利用率随功率增加而增加。

参考文献

[1] 赵以德,张天平,黄永杰,等. 40 cm 离子推力器研制[C]. 哈尔滨: 第 12 届中国电推进学术研讨会,2016.

[2] Rawlin V K, Sovey J S, John H A. An ion propulsion system for NASA's deep space missions [C]. Albuquerque: A1AA 99 - 4612, 1999.

[3] Brophy J R, Mareucei M G, Ganapathi C B, et al. The ion propulsion system for dawn [C]. Huntsville: AIAA 2003 - 4542, 2003.

[4] Oleson S, Gefert L, Benson S, et al. Mission advantages of NEXT: NASA's evolutionary Xenon thruster [C]. Indianapolis: AIAA 2002 - 3969, 2002.

[5] Wirz R, Goebel D. Effects of magnetic field topography on ion thruster discharge performance [J]. Plasma Sources Science and Technology, 2008, 17(3): 1 - 11.

[6] Shastry R, Herman A, Soulas G C, et al. Status of NASA's Evolutionary Xenon thruster (NEXT) long-duration test as of 50,000h and 900kg throughput [C]. Atlanta: IEPC - 2013 - 121, 2013.

[7] Hitoshi K, Yukio S, Tetsuya Y, et al. Report during two years on HAYABUSA explorer propelled by microwave discharge ion engines [C]. Tucson: AIAA 2005 - 3673, 2005.

[8] Tighe W G, Chien K R, Solis E, et al. Performance evaluation of the XIPS - 25 cm thruster for application to NASA discovery missions [C]. Sacramento: AIAA 2006 - 4666, 2006.

[9] Goebel D M, Polk J E, Sengupta A. Discharge chamber performance of the NEXIS ion thurster [C]. Fort Lauderdale: AIAA 2014 - 3813, 2014.

[10] Rawlin V K. Power throttling the NSTAR ion thruster [C]. San Diego: AIAA 95 - 2515, 1995.

[11] Herman D A, Soulas G C, Patterson M J. Performance evaluation of the prototype model NEXT ion thruster [C]. Cincinnati: AIAA 2007 - 5212, 2007.

[12] Patterson M J. NEXT Study of thruster extended-performance [C]. Hartford: AIAA 2006 - 4664, 2006.

[13] Goebel D M, Lavin M M, Bond T A. Performance of XIPS electric propulsion in on-orbit

station keeping of the Boeing 702 Spacecraft［C］. Indianapolis：AIAA 2002 - 4348, 2002.

［14］Goebel D M, Katz I. Fundamentals of electric propulsion：ion and hall thruster［C］. California：JPL Space Science and Technology Series, 2008.

［15］赵以德,张天平,黄永杰,等.40 cm 离子推力器宽范围调节实验研究[J].推进技术,2018, 39(4)：942 - 947.

［16］赵以德,张天平,郑茂繁,等.高推力密度离子推力器研究[J].真空,2017,54(1)： 14 - 16.

［17］赵以德,张天平,吴宗海,等. Performance evaluation of the 30 cm ring-cusps ion thruster ［C].上海：第 7 届 IAA - CSA 先进空间技术国际会议,2017.

［18］赵以德,张天平,黄永杰,等.40 cm 离子推力器性能评价[C].北京：第 13 届中国电推进 学术研讨会,2017.

［19］赵以德,江豪成,张天平,等.离子推力器束流均匀性改善方法研究[J].真空与低温, 2015,21(3)：157 - 160,185.

第5章
柱形会切场放电室技术

5.1 柱形会切场放电室简介

5.1.1 柱形会切场放电室磁场构型

柱形会切场直流放电室的磁场构型特点[1-6]主要体现在如下方面：

（1）放电室被中间极靴分为锥段和柱段，锥段磁场较强，柱段磁场较弱；

（2）磁体为圆柱形，沿周向间隔均匀分布在放电室屏栅筒外部，磁场通过环形的极靴导入放电室内部，形成设计的磁场构型；

（3）极靴深入放电室内部，更有利于形成平行于阳极表面的磁场分布，磁极端部较强的磁场强度形成磁镜效应，电子只有能穿越磁力线才能被阳极吸收，提高电子利用率，以利于实现较低的放电损耗；

（4）通过磁极几何形状及特征点磁场强度的设计，有利于在放电室内部形成较大的磁空区，限定主要电离区域集中到锥段及柱段阳极筒表面边沿区域，加强正离子向栅极出口方向的自由扩散效应，提高栅极上游离子分布均匀性；

（5）磁铁置于屏栅筒外，降低了对磁体材料工作温度的要求，且柱形磁铁长度较长，磁铁工作点容易设计在 $B-H$ 温度退磁曲线簇线性区域，因此磁路工作稳定性好。

另外，相比环形磁铁放电室结构，柱形磁铁放电室存在不利之处，主要包括[7,8]：

（1）由于柱形磁铁数量有限，垂直于轴线的切面磁场均匀性较差，存在漏磁区域，提取距放电室轴线相同距离的周向磁场强度，理想状态周向磁场强度应该相等，但实际上由于柱形磁体分布的离散性，周向磁场强度存在较大的波动，如图 5-1 所示；

（2）放电室为屏栅筒与阳极筒双层结构，重量较大；

（3）磁极深入放电室内部，存在离子刻蚀产生多余物的潜在隐患。

5.1.2 柱形会切场放电室基本组成

柱形会切场直流放电室构型如图 5-2 所示，基本结构组成至少包括下极靴、

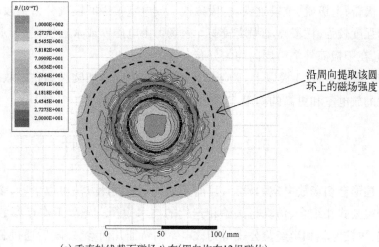

(a) 垂直轴线截面磁场分布(周向均布12根磁体)

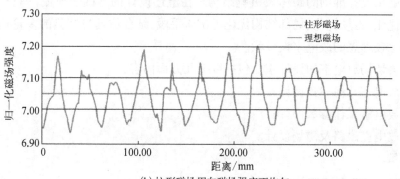

(b) 柱形磁场周向磁场强度不均匀

图 5-1　柱形放电室磁场非均匀性特性

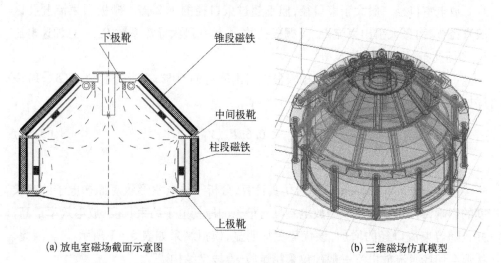

(a) 放电室磁场截面示意图　　　　　(b) 三维磁场仿真模型

图 5-2　柱形会切场直流放电室构型

中间极靴、上极靴、锥段磁铁、柱段磁铁。放电室被中间极靴分为锥段和柱段,锥段磁场强度较强,柱段磁场强度较弱。磁场可由电磁铁或永磁铁提供,永磁铁为柱形结构,在阳极筒外侧沿周向均匀分布。

如果是多极(3极以上)磁场放电室,则会相应增加磁极和磁体数目,以便适应更大的放电室和更高的功率[9]。

5.2 柱形会切场放电室设计

柱形会切场放电室的设计,目前并没有完整设计方法可以借鉴,多是采用理论与经验公式相结合、仿真与试验相迭代的技术途径。先以工作点参数设计作为切入点,再按经验和半经验公式得到放电室的特征几何参数,随后通过磁场仿真分析得到满足磁场设计准则的磁体及极靴结构。在上述设计的基础上研制试验样机,通过流率优化、磁场优化、局部结构优化等试验手段,结合仿真与试验的多轮迭代,最终达到比较理想的放电室设计状态。

柱形会切场放电室的设计主要包括以下几方面内容:
(1) 放电室几何参数设计;
(2) 放电室工作参数设计;
(3) 放电室磁路及磁场设计。

5.2.1 柱形会切场放电室几何参数设计

1. 放电室口径设计

放电室口径一般大于束口径,但不超过束口径的1.2倍。栅极引束流开孔区域直径 $\phi_束$ 由最大引出束流 I_bmax、栅极孔数 n、单孔最大导流系数 P_max、总加速电压 V_T 和栅孔布局形式决定。

一般最大引出束流不超过栅极最大引出能力的60%,由半经验公式(5-1)表述如下:

$$I_\mathrm{bmax} \leqslant 0.6 n P_\mathrm{max} V_\mathrm{T}^{3/2} \qquad (5-1)$$

2. 放电室几何构型设计

Mahalingam 和 Menart[10]通过仿真计算,分析了放电室形状对原初电子约束长度的影响,得出锥段-直段型放电室具有最长的原初电子约束长度,放电效率最高,并且随着束流口径的增加,该优势更加明显,模拟结果如表5-1所示[10]。因此,柱形会切场直流放电室一般建议采用锥段-直段型结构[11-15]。

表 5－1　不同放电室几何构型下的原初电子约束长度

放电室几何构型	原初电子约束长度
锥形放电室	23.4
柱形放电室	50.5
锥段-柱段放电室	58.9

3. 主阴极位置

图 5－3 所示为推力器中心轴磁场强度分布曲线,其中给出了阴极顶位置的选择依据。一般阴极顶位置选择如图 5－3 所示,形成的磁力线在阴极出口处沿径向发散,磁场强度沿轴线快速衰减,约束原初电子远离中心轴,并减小中心轴处对原初电子的约束,以达到兼顾电离效率和束流均匀性的目的。

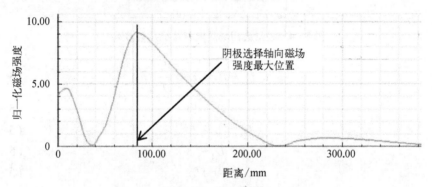

图 5－3　推力器中心轴磁场强度分布曲线

4. 特征几何参数经验公式

在柱形会切场直流放电室设计初期,可以按照下面给出的经验公式得到初步的特征几何参数。在此基础上,通过试验加仿真的迭代方式完成提升放电室性能的优化方案的确定。

柱形会切场放电室特征几何参数如图 5－4 所示。参数定义分别为 D_b 为束口径直径,ϕ_1 为上极靴内径,ϕ_2 为中间极靴内径,ϕ_3 为下极靴内径,D_d 为柱段阳极筒内径,H 为锥段阳极筒高度,D_2 为锥段阳极筒小圆内径,L_d 为放电室长度,L_1 为放电室柱段长度,L_2 为放电室锥段长度,L_3 为上极靴长度,L_4 为下极靴长度,L_5 为阴极深入放电室长度。

上述参数可按如下经验公式进行初步确定。

$$D_d = D_b + 28 \tag{5-2}$$

$$\frac{L}{D_d} = \frac{2}{3} \tag{5-3}$$

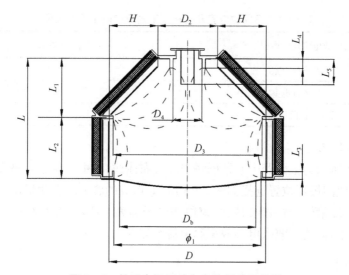

图 5-4   柱形会切场放电室特征几何参数

$$L_1 = L_2 = H = D_2 = \frac{L}{2} \tag{5-4}$$

$$D_1 = D - 14 \tag{5-5}$$

$$D_3 = D - 6 \tag{5-6}$$

$$D_4 = D_2 - 8 \tag{5-7}$$

$$L_3 \leqslant 0.1L_2 \tag{5-8}$$

$$L_4 \leqslant 0.1L_1 \tag{5-9}$$

$$L_5 = 0.3L_1 \tag{5-10}$$

5.2.2   柱形会切场放电室工作参数设计

1. 阳极电流估算

柱形会切场放电室阳极电流与束流的比例一般按以下经验公式进行计算：

$$I_d \approx (4 \sim 6.5)I_b \tag{5-11}$$

式中，I_d 为阳极电流；I_b 为束流。一般而言，口径较小的推力器取上限，口径较大的推力器取下限。例如，LIPS-200 离子推力器为 5.6，LIPS-300 柱形离子推力器在不同工况下为 4.0~5.0。

2. 阳极电压估算

相较而言，柱形会切场放电室阳极电压低于发散场放电室，但高于环形会切场放电室，一般按 35~38 V 进行估算。

3. 阳极流率、主阴极流率估算

离子推力器总流率由式(5-13)确定：

$$\dot{m}_{\mathrm{p}} = \frac{F}{I_{\mathrm{sp}}g} \tag{5-12}$$

式中,$\dot{m}_{\mathrm{p}}$ 为总流率;F 为推力;I_{sp} 为比冲;g 为重力加速度。一般而言,中和器流率占比不超过 10%,且总流率越大,中和器流率占比越小。LIPS-200 离子推力器中和器流率占比 10%;LIPS-300 柱形离子推力器 3 kW 工况占比 9%,4 kW 工况占比6%,5 kW 工况占比 5%。

从总流率中减掉中和器流率即为阳极流率和主阴极流率的和。放电室流率比是指阴极流率与阳极流率之比。一般情况下,阴极流率与阳极流率之比在 0.05~0.20。同样,总流率越大,主阴极流率占比越小。具体的流率占比需要根据不同的推力器、不同的阴极、不同的功率工况进行流率优化试验后确定。

5.2.3　柱形会切场放电室磁路及磁场设计

1. 设计方法

在完成放电室几何结构初步设计后,需要对放电室磁场构型进行仿真分析,确定磁体尺寸及放电室内部的磁场分布。

目前,磁场与推力器性能的关系均是通过定性的原则完成初始设计,再通过试验加仿真的方式完成迭代优化的。柱形会切场放电室设计的总体思路是,首先按经验准则完成电磁铁磁场仿真设计,通过电磁铁试验获得最佳磁场的励磁电流;再以特征点磁场强度匹配的方式,将电磁铁得到的最佳磁场转换为永磁铁结构。这一演化过程如图 5-5 所示。

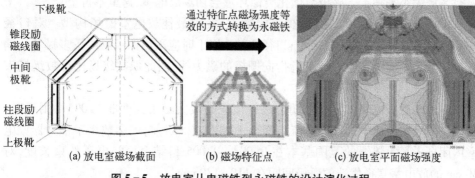

(a) 放电室磁场截面　　(b) 磁场特征点　　(c) 放电室平面磁场强度

图 5-5　放电室从电磁铁到永磁铁的设计演化过程

2. 设计准则

柱形会切场放电室磁场设计准则包括如下方面:

(1) 阳极筒置于会切场内部,壁面和磁铁具有阴极负偏压,电子只有通过碰撞或者湍流输运扩散才能穿越磁力线,有助于提高电子利用率;

(2) 磁极在阳极筒内表面区域形成磁场(称为表面磁场或多级磁场),磁力线

不与阳极筒相交,以实现放电等离子体的低气压化、高密度化和均匀化;

（3）理想的磁力线分布是将磁场限制在阳极附近区域,使放电室内部特别是栅极附近的大部分区域接近为无场区,可提高引出界面离子分布的均匀性;

（4）锥段磁感应强度要强于柱段磁感应强度,放电室轴线上的磁场强度在阴极触持极顶附近达到最大值。一般柱段阳极筒中间表面沿轴线方向的磁场强度为 50~60 Gs,锥段阳极筒中间表面沿壁面方向的磁场强度为 60~70 Gs[16]。

在设计永磁铁时,需要避免磁力线与阳极壁面存在较多的相交,以及两段磁铁交接处的漏磁现象等,否则会导致放电室性能的降低。图 5-6 为理想的放电室磁场分布云图。

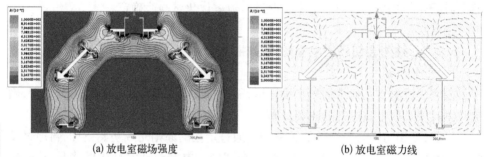

(a) 放电室磁场强度　　　　　　　　　　(b) 放电室磁力线

图 5-6　理想的放电室磁场分布云图

3. 磁极数设计

磁极数需根据放电室的口径和体积,并考虑近阳极壁磁场强度和放电室内部磁空区域大小来确定。磁极数优化类似环形会切场放电室,这里不再重复。

磁极个数设计原则是在最少磁极数下,实现最佳放电室磁场构型。对口径 30 cm 以下推力器可采用三极场;口径 30 cm 以上时应采用四极场或更多极场。偶数极场减弱了放电室中心轴附近指向栅极的磁力线,因此偶数级场比奇数级场束流更均匀。

在两个磁极之间横断面上闭合磁等值线的最大磁场强度取 0.005 T 附近时,可以使阳极壁面离子的损失电流下降至 10% 左右。目前,大多数离子推力器放电室内闭合磁场等势线的范围基本在 0.003~0.005 T,结合原初电子约束长度,对 30 cm 的放电室直径优选的磁极间距在 110~130 mm。

根据上述建议的磁极间距,结合 LIPS-300 放电室结构,通过仿真得到三、四级场的磁场分布如图 5-7 和图 5-8 所示。

从图 5-7 和图 5-8 明显看出,四极场在放电室内部形成的场强分布要优于三极场场强分布,再借鉴国外研制经验,LIPS-300 离子推力器放电室宜选择四磁极设计。

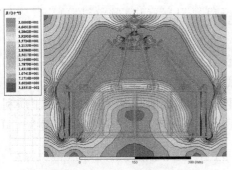
图 5-7　三极场场强分布云图

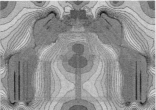
图 5-8　四极场场强分布云图

4. 磁极位置设计

磁环对间距设计最佳值为 11~16 cm，阴极磁环半径设计最佳值为 3~4 cm，结合 ansoft 磁场仿真，对比不同磁极位置完成最终磁极位置的确定，如图 5-9 所示。

(a) 第四极位于锥段中部　　(b) 第四极位于锥段上部　　(c) 第四极位于椎段下部

图 5-9　不同磁极位置四极场磁场分布

5.3　柱形会切场放电室性能优化

5.3.1　放电室工作性能优化试验

基于经验公式的不确定性，通过"试验-分析-改进"过程，充分验证设计方案的优化性。柱形会切场放电室优化试验包括以下方面。

1. 磁场优化试验

该阶段磁场由电磁铁提供，通过改变励磁电流大小获得相应磁场，对放电损耗、阳极电压振荡、束流平直度，以及推力器工作稳定性进行综合评价，最终确定放电室磁场构型及强度。

LIPS-300 离子推力器放电室磁场先采用电磁铁进行试验优化，再根据特征点磁场强度一致的原则替换为永磁铁。在该替换的过程中必须保证永磁铁长度完全填充满磁极间隙，否则将会有较大的漏磁，也就是说尽管特征点磁场都完全吻合，但只要存在较大漏磁,放电室性能也无法达到电磁铁优化状态。

2. 流率优化试验

按推力、比冲指标计算得到总流率,在保证总流率不变的前提下,调节不同的阴极流率和阳极流率占比,开展流率优化试验。判断性能好坏的标准包括放电损耗、阳极电压振荡、栅极截获电流,得到不同流率下的性能曲线(放电损耗和工质利用率曲线),通过各项性能的折中,最终完成推力器流率工作点的选择。图 5 - 10 显示各项性能与主阴极流率的关系曲线。

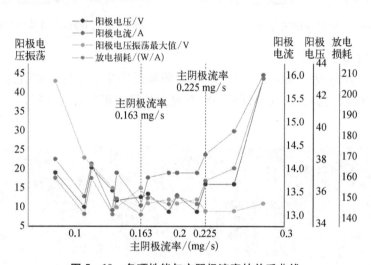

图 5 - 10　各项性能与主阴极流率的关系曲线

5.3.2　数值计算综合分析

综合分析主要采用数值模拟的方法进行。利用 PIC/MCC 数值仿真方法对离子推力器不同工况下的放电室气体放电过程进行数值仿真,并用 PIC 方法跟踪气体放电过程中带电粒子的运动,得到稳态下粒子的密度分布、静磁场分布、电位分布等,并分别讨论不同工况下对应的放电室性能[17,18]。再以栅极上游离子密度分布为边界,结合栅极结构及电场分布情况,利用 PIC 方法模拟粒子运动,而利用 MCC 方法模拟粒子之间的碰撞过程,完成栅极聚焦及引出过程的仿真[19]。

以 LIPS - 300 离子推力器的数值仿真分析为例,图 5 - 11、图 5 - 12 分别为高功率工况下三极场和四极场的磁场分布。结果显示,相比三极场磁场分布,四极场结构下的放电室内部磁等势线分布更加均匀,靠近阳极表面的磁力线梯度变化较大,锥段磁力线分布较密集,而放电室内部等离子体产生的主要区域为阳极锥段。因此,四极场结构下产生的磁力线分布能更好地约束电子在放电室内的运动,使它的平均自由程增大,电子和原子之间的碰撞频率加大,工质利用率和束流平直度都有所提高[20]。

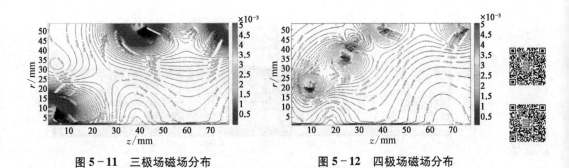

图 5-11　三极场磁场分布　　　　图 5-12　四极场磁场分布

图 5-13 和图 5-14 分别为三极场和四极场结构下的自洽电势分布。结果显示,四极场结构下运动等离子体产生的自洽电势最大值要远远大于三极场结构,即四极场结构下运动的等离子体产生的自洽电势增大,其在放电室内的电场强度随之增大,带电粒子受到电场强度的加速作用提高,粒子能量提高,速度增加,在电场加速作用下,粒子能量能很快达到中性原子离化能,工质利用率和束流平直度均有所提高。

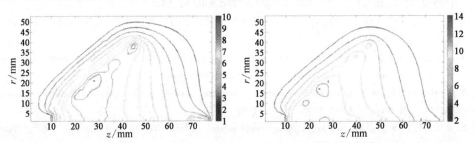

图 5-13　三极场结构下自洽电势分布　　图 5-14　四极场结构下自洽电势分布

利用数值仿真模型模拟放电室气体放电过程中程序自动统计到的仿真结果(如放电电流、离化产生的束流等)计算得到,5 kW 功率模式工质利用率和束流平直度将分别从 85%、0.44 增至 91%、0.65;2.4 kW 功率模式工质利用率和束流平直度将分别从 84%、0.43 增至 90%、0.64。

采用 PIC-MCC 方法仿真可得到三栅极组件不同栅极间距下离子引出过程中的密度分布,分别如图 5-15 和图 5-16 所示,其中,d_{s-a} 为屏栅-加速栅间距;d_{a-d} 为加速栅-减速栅间距。

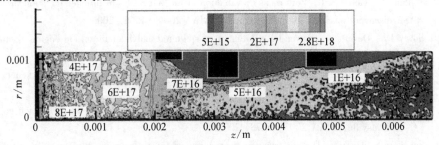

图 5-15　离子密度分布($d_{s-a}=0.4$ mm,$d_{a-d}=1.24$ mm)

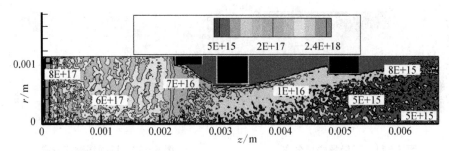

图 5－16　离子密度分布（$d_{s-a}=0.25$ mm，$d_{a-d}=1.44$ mm）

参考文献

［1］　Wirz R, Goebel D. Effects of magnetic field topography on ion thruster discharge performance ［J］. Plasma Sources Science and Technology, 2008, 17(3)：035010.

［2］　Sengupta A. Experimental investigation of discharge plasma magnetic confinement in an NSTAR ion thruster ［C］. Tucson：AIAA 2005 － 4069, 2005.

［3］　王亮. LIPS－300 离子推力器放电室设计及试验研究［J］. 真空与低温, 2016, 22(6)：344 － 349.

［4］　Ogunjobi T A. Computational study of Ring-Cusp magnet configurations that provide maximum electron confinement ［C］. Sacramento：AIAA 2006 － 4489, 2006.

［5］　Menart J A. Magntic circuit for enhanced discharge chamber performance of a small ion thruster ［C］. Cleveland：AIAA 1998 － 3343, 1998.

［6］　Goebel D M. Discharge chamber performance of the NEXIS ion thruster ［C］. Fort Lauderdale：AIAA 2004 － 3813, 2004.

［7］　Goebel D M, Katz I. Fundamentals of electric propulsion：ion and hall thrusters ［C］. California：JPL, 2008.

［8］　Wirz R, Katz I. Plasma processes of DC ion thruster discharge chambers ［C］. Tucson：AIAA 2005 － 3690, 2005.

［9］　张天平. 国外离子或霍尔电推进技术最新进展［J］. 真空与低温, 2006, 12(4)：187～193.

［10］　Mahalingam S, Menart J A. Primary electron modeling in the discharge chamber of an ion engine ［C］. Indianapolis：AIAA 2002 － 4262, 2002.

［11］　Herman D. discharge cathode electron energy distribution functions in a 40-cm NEXT-type ion engine ［C］. Tucson：AIAA 2005 － 4252, 2005.

［12］　William G, Chien K R. Performance evaluation of the XIPS 25 cm thruster for application to NASA discovery missions ［C］. Sacramento：AIAA 2006 － 4666, 2006.

［13］　Sovey J S, Dever J A, Power J L. Retention of sputtered molybdenum on ion engine discharge chamber surfaces ［C］. IEPC － 01 － 86, 2001.

［14］　Kitamura S, Miyazaki K, Hayakawa Y. Performance improvement of 150-mN xenon ion thrusters ［J］. Acta Astronautica, 2003, 52(1)：11 － 20.

［15］　Soulas G C, Domonkos M T, Patterson M J. Performance evaluation of the NEXT ion engine ［C］. Huntsville：AIAA 2003 － 5278, 2003.

［16］　Sanghera S, DeTurris D. Performance characterization of a 15 cm ion thruster with simulated beam extraction［C］. Cincinnati：AIAA2007 - 5219, 2007.

［17］ Hiatt J M, Wilbur P J. Ring cusp discharge chamber performance optimization［J］. Journal of Propulsion and Power, 1986, 2(5)：390 - 397.

［18］ Vaughn J A, Wilbur P J. Ring cusp/hollow cathode discharge chamber performance studies ［C］. Colorado IEPC 1988 - 064, 1988.

［19］ Goebel D M, Wirz R E, Katz I. Analytical ion thruster discharge performance model［J］. Journal of Propulsion and Power, 2007, 23(5)：1055 - 1067.

［20］ 陈娟娟. LIPS - 200 离子推力器放电室原初电子动力学行为的数值模拟研究［J］. 推进技术,2015,36(1)：154 - 160.

第6章

射频放电室技术

6.1 射频放电室简介

6.1.1 射频放电室的优点

射频放电室产生感性耦合放电等离子体,也是射频离子推力器的核心。射频放电室腔体由石英玻璃、氧化铝陶瓷、氮化硼陶瓷等绝缘材料制成,可根据需要选择圆柱形、圆台形、半球形等不同的几何构型[1-3]。如图6-1所示,射频天线(一般为宽扁铜线)以螺线管形缠绕于绝缘放电室外部,用于将射频功率源能量馈入放电等离子体中。

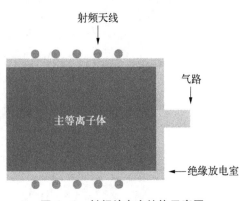

图6-1 射频放电室结构示意图

射频放电室中约束带电离子运动的磁场由外部螺线管线圈产生,电磁场拓扑构型与常规的螺线管感生电磁场相同,基本平行于螺线管内表面。在此种情形下,放电等离子体边界、磁拓扑包络面、放电室壁面基本吻合,放电等离子体的均匀性较好。

射频放电室主要有以下优点:

(1)射频放电室没有内置主阴极,放电等离子体对主阴极的溅射腐蚀问题完全得到规避,并且结构简单,易于缩比,可以根据需要灵活设计推力器口径;

(2)射频放电室没有附加的永磁/电磁结构,适于开展轻量化、集成化设计,克服了考夫曼类型离子推力器难以微型化的困难;

(3)射频放电室调节参数少,放电性能对调节参数响应灵敏度高,性能调节控制策略简洁高效,在性能连续调节方面具有一定的技术优势。

6.1.2 射频放电室基本组成

射频放电室基本组成单元有射频放电腔、射频天线、气路分配环,更广义地讲,其中还应该包括射频功率源、匹配网络电路[4-6]。

射频放电腔是射频放电室的主结构,内腔是感性耦合放电发生的场所。射频放电腔同时为射频天线、气体分配环等组件提供了接口,也为离子光学系统提供了接口。

射频天线是射频功率馈入组件,主要功能是将射频功率源提供的能量用于感性耦合放电,射频天线构型对耦合效率有较大影响。

气体分配环是将工质气体注入放电室的关键组件。气体分配环的一端连接贮供单元出口,另一端以周向均匀的方式开孔,将工质气体均匀地注入放电室。

射频功率源是为射频感性耦合放电提供能量的外部供电设备。射频功率源能够为感性耦合放电提供一定频率、一定功率范围的射频驱动信号,射频功率源输出端连接匹配网络电路。

匹配网络电路是一种容性电路,用于实现射频天线与射频功率源输出阻抗之间的匹配,进而保证感性耦合放电较高的耦合效率。

6.2　射频放电室设计

6.2.1　射频放电室几何参数设计

1. 总体设计思路

射频放电室几何参数设计是开展高性能射频放电室设计最基础的工作。一般而言,射频放电室的几何参数设计需要经历"以性能为设计输入—初步几何设计参数—推算该设计参数下的性能—复算几何设计参数"的迭代过程,需要综合考虑推力密度、工作频率等诸多因素。

射频放电室几何参数主要包括放电室直径、放电室长度、射频天线几何等。

首先确定射频放电室直径,射频放电室直径基本由栅极组件尺寸决定。合理的栅极组件设计需要借助计算机模拟手段,兼顾尺寸包络和栅极寿命。射频放电室口径尺寸应配合栅极直径进行一次迭代设计,除了需要考虑"均匀高密度放电区域与栅极引出区域吻合"外,设计射频放电室直径时还有一项特殊的考虑:射频放电室外侧需要缠绕射频天线。射频放电室直径还决定着射频天线直径,若射频天线直径过小,则会导致线圈电感非常小,线圈热耗严重,非常不利于射频功率感性耦合,进而导致放电室效率非常低。

在确定了射频放电室直径后,需要根据射频放电室直径确定射频放电室长度,两者之间存在最佳匹配关系。为减少离子在放电室壁面的损耗,在设计射频放电室时,应该尽可能减小表面积,降低 S/V 的比值,从物理上降低发生离子壁面损耗的概率。减小表面积只能通过减小放电室长度实现,但是射频放电室长度不能过小,过小的射频放电室长度会影响射频天线缠绕,导致射频天线匝数减少,射频天线匝数过少同样会大幅降低电感值,仍然不利于射频功率耦合。因此,放电室长度设计需要在放电损耗、射频天线电感之间寻优。

确定了射频放电室口径、长度后,就可以开展射频天线几何参数设计。射频天线几何参数设计主要有两项:射频天线匝数、射频天线横截面积。射频天线几何参数设计的目标是尽可能提高射频功率耦合效率。一般而言,射频天线匝数必须达到一定数量 $(n \geqslant 5)$,天线匝数过少时,天线电感值很低,射频感性耦合放电效率很低;但如果射频天线匝数过多,射频天线电阻值显著增大,耗散于射频天线中的能量也会相应增加,反而会降低射频功率耦合效率。因此,在设计射频天线匝数时,应借助多物理场仿真手段,对不同匝数下的射频天线感抗、阻抗进行计算,并分析不同匝数下射频天线耦合特性(能量馈入深度、主要能量吸收区间等),根据仿真计算结果选择合理的天线匝数。

射频天线横截面积对射频天线能量馈入效率的影响主要体现在:根据电阻定律,随着横截面积的增加,射频天线自身电阻降低,同功率下引起的热耗减少;但是,随着射频天线横截面积的增大,有限长度区间内射频天线匝数会相应减少,会影响射频天线电感值,反而降低射频功率耦合效率。因此,射频天线横截面积的设计,需要综合考虑几何参数、阻抗特性、兼顾低阻抗和多匝数,在匝数设计确定后,再与放电室长度进行一次迭代设计。

2. 射频放电室基本设计原则

射频放电室关键几何参数设计约束及基本设计原则见表 6-1。

表 6-1　射频放电室关键几何参数设计约束及基本设计原则

设计参数	期　　望	问　　题
放电室直径	与目标栅极直径匹配	如果放电室太小,线圈电感将很小,线圈热耗将很严重
放电室长度	尽量小,为了减小离子壁面损失	太小的放电室长度会限制线圈匝数和电感值
线圈匝数	尽量大,为了获得更大的线圈电感	更长的线圈导致更高的离子壁面损失,同时增大了线圈电阻和热耗
线圈横截面直径	尽量大,为了减小线圈电阻和热耗	线圈横截面直径增大导致线圈匝数减小,进而降低电感

由于射频放电室结构相对简单,几何参数对放电性能的影响规律也相对清晰,德国已经成功开发 10~35 cm 系列射频离子推力器,并根据研制经验总结出射频放电室缩扩比设计准则,并以函数关系的形式呈现,具体见图 6-2 和图 6-3。

通过查图可以快速设计射频放电室几何参数,并给出射频工作频率。但在具体设计时,还需要根据实际的设计输入进行微调,必要时还可使用计算机仿真手段进行更加深入的分析。

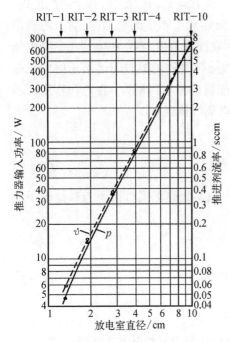

图 6-2　射频放电室口径、射频功率、工质
气体流率综合优化设计准则

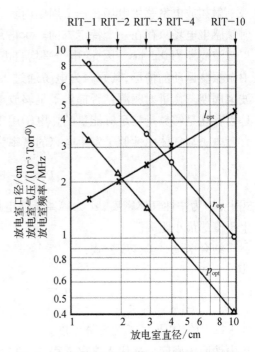

图 6-3　射频放电室口径、长度、气压和射频
频率综合优化设计准则

6.2.2　射频放电室工作参数设计

射频放电室工作参数主要包括射频功率、射频频率和工质气体流率。其中,射频功率和射频频率是电参数,是决定放电吸收功率、功率吸收区间等放电性能的关键参数。工质气体流率主要为射频放电室提供电离所需的中性原子,为了保证射频放电室效率,气电参数必须匹配[7,8]。

射频功率直接影响放电等离子体密度。当开展射频放电腔设计时,首先根据性能需求推算出放电等离子体所需的最低密度,然后计算出达到放电等离子体最低密度所需的射频功率值,接着通过推力器设计功率减去束流引出功率得到射频功率允许值的上限,由此最终得到射频功率允许的设计区间。

射频频率决定电磁波在放电等离子体中的趋肤层深度。德国 RIT 系列射频离子电推进产品研制经验表明,趋肤层深度最好控制在放电腔半径的 1/3 ~ 2/3,对应的射频频率即为适合的。一般而言,射频放电腔口径越大,所需的射频频率越低;射频放电腔口径越小,所需的射频频率越高。

---

①　1 Torr = 1.333 22×10^2 Pa。

射频放电室感生电场在一个周期内转变一次方向（$\pm\theta$ 方向），每个半周期内，射频感生电场只存在一个特定方向。考虑最低频率 1 MHz 的射频源，射频源输出正弦波周期为 0.5 ms。因此，电子平均自由程在厘米量级，不存在电子在交变电场中做振荡运动的情形，其原因为电子通过天线感生电磁场的时间远小于射频正弦波半周期。衡量射频源是否提供了足够放电能量的基本判据为：在电场作用区域是否存在足够数量与足够能量的热电子用于电离气体工质。

电子与气体中性原子发生电离的概率为

$$P = 1 - \mathrm{e}^{-n_0\sigma x} \tag{6-1}$$

式中，n_0 为中性气体密度；σ 为等离子体电导率；X 为原子飞行而不与其他粒子发生碰撞的最小距离。

结合中性原子密度公式：

$$n_0 = 9.66 \times 10^{24} \frac{p}{T} \tag{6-2}$$

式中，p 为气体压力；T 为气体温度。

将中性原子密度公式代入电离方程，得到射频离子推力器放电室内压强公式：

$$p_{\min} = - \frac{1.04 \times 10^{-25T}}{\sigma x}\ln(1 - P) \tag{6-3}$$

根据压强公式，当采用 Xe 作为中性气体工质时，射频离子推力器放电室压强一般控制在为 $10^{-3} \sim 10^{-2}$ Pa，由此可估算出流率需求。

6.2.3　放电室射频天线设计

当开展放电室射频天线设计时，可以采用经典电磁场分析方法对关键参数进行初步估算，主要针对射频天线感生电磁场特性进行半定量的分析[9,10]。

在射频离子电推进技术中，射频天线通常都采用经典螺线管结构，可在满足工程应用的前提下适当简化分析模型，如不考虑末端效应。

射频天线感生轴向磁场强度为

$$B_Z = \frac{Nt}{\mu_0}\mathrm{e}^{\mathrm{j}\omega t} \tag{6-4}$$

式中，j 为通过射频天线的电流；N 为相应的安匝数；μ_0 为真空中的介质磁导率；ω 为射频线圈的角频率；t 为时间。根据麦克斯韦方程，时变电磁场之间存在下述函数关系：

$$\nabla \times E = -\frac{\partial B}{\partial t} \tag{6-5}$$

射频天线感生出的角向电场强度为

$$E_\theta = -\frac{\mathrm{j}\omega r}{2} B_{Z0} \mathrm{e}^{\mathrm{j}\omega t} \tag{6-6}$$

式中，r 为离轴距离；B_{Z0} 为射频感生磁场的峰值。

从式（6-4）可以看出，射频天线感生出的轴向磁场强度主要由射频天线安匝数决定，从式（6-6）可以进一步看出，射频天线感生出的角向电场与轴向磁场强度成正比。因此，为了获得足够强的电场，射频天线必须有足够的安匝数，当设计射频天线时，应尽可能增加天线匝数；当设计射频功率源时，应该优先保证输出电流。

6.3　射频放电室性能设计分析

6.3.1　射频放电室与射频天线耦合分析

射频放电室采用感性耦合方式产生放电等离子体。当射频离子推力器工作时，首先启动中和器发射电子，通过屏栅正电位（约 500 V）将电子引入放电室，作为等离子体放电的原初电子。在初始电离完成后，电离产生的二次电子在射频线圈角向电场作用下加速，获得足够电离工质气体中性原子的能量，并进一步电离出二次电子，如此循环最终形成感性耦合自持放电。由此可见，射频天线与放电室的耦合对放电室性能起决定性作用。

1. 电子的约束运动——磁场耦合与等离子体感生电流

射频线圈能量与感性放电等离子体耦合，其物理本质是射频电场在感性传导等离子体电流中的扭曲。感性耦合等离子体的能量吸收过程发生在趋肤层，由于碰撞效应，趋肤层内电子在局域欧姆加热效应作用下获得能量，进而与中性气体碰撞电离，实现自持耦合放电。由于离子质量远大于电子质量，电子更易被射频电场驱动，所以感性传导等离子体电流是电子电流，其表达式为

$$J_\theta = -\sigma\left(\frac{\partial A_\theta}{\partial t}\right) = -\frac{e^2 n_\mathrm{e}}{m\nu_\mathrm{eff}}\left(\frac{\partial A_\theta}{\partial t}\right) \tag{6-7}$$

式中，n_e 为等离子体密度；ν_eff 为电子有效弹性碰撞系数；A_θ 为磁矢势角向分量。

在射频放电室工作条件下，放电等离子体趋肤层内电子漂移运动速度会超过电子热运动速度，此时，电子能量分布是带有漂移项的麦克斯韦分布。含漂移能量项 E_D 的电子能量分布函数为

$$f_{\mathrm{D}}(T_{\mathrm{e}}, E_{\mathrm{D}}, E) = \frac{1}{2\sqrt{\pi k T_{\mathrm{e}} E_{\mathrm{D}}}} \mathrm{e}^{-\frac{(\sqrt{E}-\sqrt{E_{\mathrm{D}}})^2}{k T_{\mathrm{e}}}} \left(1 - \mathrm{e}^{-\frac{4\sqrt{E}\sqrt{E_{\mathrm{D}}}}{k T_{\mathrm{e}}}}\right) \qquad (6-8)$$

带漂移能量项的电子能量分布函数会对工质气体电离、激发等碰撞过程产生影响,在开展数值计算时需要加以考虑。

2. 离子的约束运动——感性耦合放电流体特征

射频放电室用惰性气体工质 Xe,最重要的动量转移来自与中性离子的碰撞,可用 Krook 碰撞算子表征碰撞项。当构建射频放电特性流体模型时,将射频放电等离子体看作由电子和离子构成的相互贯穿的流体。综合上述考虑,适用于计算射频放电特性的流体控制方程组为采用 Krook 碰撞算子的离子动量方程:

$$m_{\mathrm{i}} n_{\mathrm{i}} \left(\frac{\partial v_{\mathrm{i}}}{\partial t} + v_{\mathrm{i}} \nabla v_{\mathrm{i}}\right) + \nabla p_{\mathrm{i}} = e n_{\mathrm{i}} E - m_{\mathrm{i}} n_{\mathrm{i}} \nu_{\mathrm{in}} v_{\mathrm{i}} \qquad (6-9)$$

式中,m_{i}、n_{i}、v_{i}、p_{i}、E 分别为离子质量、离子密度、离子速度、离子分压、电场强度;ν_{in} 为离子-中性原子弹性散射频率。

采用 Krook 碰撞算子的电子动量方程为

$$m_{\mathrm{e}} n_{\mathrm{e}} \left(\frac{\partial v_{\mathrm{e}}}{\partial t} + v_{\mathrm{e}} \nabla v_{\mathrm{e}}\right) + \nabla p_{\mathrm{e}} = -e n_{\mathrm{e}} E - e n_{\mathrm{e}} v_{\mathrm{e}\theta} \times B - m_{\mathrm{e}} n_{\mathrm{e}} \nu_{\mathrm{eff}} v_{\mathrm{e}} \qquad (6-10)$$

式中,m_{e}、n_{e}、v_{e}、p_{e}、E、B 分别为电子质量、电子密度、电子速度、电子分压、电场强度、磁场强度;$v_{\mathrm{e}\theta}$ 为射频电场驱动的角向电子电流平均速度;ν_{eff} 为电子有效弹性碰撞系数。

3. 中性气体的运动

射频放电室中性粒子涉及的物理过程包括:原子注入、陶瓷放电腔和栅极非开孔区域壁面复合、电离和直接逃逸。考虑上述因素的中性粒子数守恒方程为

$$\frac{\partial}{\partial t}(n_0 V) = \frac{\dot{m}}{m_{\mathrm{i}}} + \iint \Gamma_{\mathrm{wall}} \mathrm{d}A + \iint (1 - T_{\mathrm{a}}) \mathrm{d}A - T_{\mathrm{an}} A_{\mathrm{grid}} \frac{n_0 \bar{v}_0}{4} - \iiint \dot{n}_{\mathrm{e}} \mathrm{d}V$$

$$(6-11)$$

式中,$\dot{m}$ 为工质气体流率;Γ 为壁面法向离子通量;T_{a} 为离子光学系统离子几何透明度;T_{an} 为离子光学系统中性原子几何透明度;A_{grid} 为栅极面积;n_0 为射频离子推力器放电室中性气体密度;$\dot{n}_{\mathrm{e}}$ 为中性原子电离速率。

4. 放电能量守恒

射频放电涉及的能量过程包括:射频能量吸收、电离能量损耗、激发能量损耗、壁面能量损耗和鞘层能量损耗。考虑上述因素的放电能量平衡方程为

$$\frac{\partial}{\partial t}\left(\frac{3}{2}kT_e\iiint n_e \mathrm{d}V\right) = \iiint \frac{j_{e\theta}^2}{\sigma}\mathrm{d}V - \iiint \dot{n}_e e V_i \mathrm{d}V - \iiint \dot{n}_{ex} e V_{ex} \mathrm{d}V - \iint (2kT_e + e\phi_s)\Gamma_{wall}\mathrm{d}A$$

$$(6-12)$$

式中，$j_{e\theta}$ 为射频电场激发的角向电流密度；σ 为等离子体电导率；V_i 为 Xe 第一电离能；V_{ex} 为 Xe 激发能；ϕ_s 为鞘层电势。

6.3.2　射频放电室多模式调节设计

射频放电室性能调节的工作参数主要有射频频率、射频功率和工质流率。射频频率主要改变射频电磁波的趋肤深度(主要的能量吸收区间)，当射频放电室几何参数设计完成时，射频频率应工作在固定点，不宜发生改变，以免造成射频能量吸收区间不在最佳范围。因此，在实际开展射频放电室性能调节时，可调节参数只有射频功率和工质流率。

从性能调节角度讲，调节射频功率就是调节馈入射频放电室的能量，进而改变放电等离子体密度。理论计算和试验数据表明，调节射频功率只会改变放电等离子体密度，不会改变放电等离子体密度分布特性。上述特征意味着，在调节射频功率时，由射频天线感生产生的电场和磁场处于实时自洽状态，这也是射频放电室性能调节的技术优势之一。工质流率主要改变放电室中性原子密度，当工质流率增加时，放电室中性原子密度增加，有更多的中性原子可用于电离，同等射频功率下，能够产生更高密度的放电等离子体。

在放电性能调节过程中，气电参数匹配是一个非常值得注意的问题。在气电参数不匹配时会出现以下问题：放电等离子体密度随射频功率增加存在拐点，在射频功率超过拐点后，放电等离子体密度基本维持不变，超出拐点的射频功率会导致放电室效率下降。实际上，当射频功率过高时还会引起放电不稳定，甚至导致放电中断。当工质流率过大时，工质利用率较低，大量中性原子不能被有效电离，也会导致放电室效率下降。因此，应将性能调节参数设置在工质利用率和放电损耗关系的拐点附近，以保证调节过程中的效率。具体而言，一是在给定射频功率和屏栅极电压条件下，通过调节气体流率测量计算工质利用率；二是给定气体流率，通过调节射频功率和屏栅极电压控制总功率，找到工质利用率和束流引出性能综合最佳点。由此给出气电参数组合匹配表。

参考文献

[1]　Antonucci F, Armano M, Audley H, et al. LISA pathfinder mission and status [J]. Classical and Quantum Gravity, 2011, 28(2011): 12.

[2]　Merkowitz S M, Ahmad A, Hyde T T, et al. LISA propulsion module separation study [J]. Classical and Quantum Gravity, 2005, 22(2005): 413－419.

[3]　Lozano P, Glass B, Sanchez M M. Performance characteristics of a linear ionic liquid electrospray thruster [C]. USA: IEPC-2005-192, 2005.

[4]　Hruby V. ST7-DRS colloid thruster system development and performance summary [C]. Hartford: AIAA-2008-4824, 2008.

[5]　Bassner H. Application of the RF ion thruster RIT-10 to station keeping of geostationary satellites and primary spacecraft propulsion [C]. Lake Tahoe: AIAA-1973-1100, 1973.

[6]　Leiter H. Evaluation of the performance of the advances 200 mN radio frequency ion thruster RIT-XT [C]. Indianapolis: AIAA-2002-3836, 2002.

[7]　Feili D. The μRIT-4 ion engine: a first step towards a european mini ion engine system development [C]. Florence: IEPC-2007-218, 2007.

[8]　Feili D. μNRIT-2.5 a new optimized microthruster of giessen university [C]. Michigan: IEPC-2009-174, 2009.

[9]　Reichbach J G, Sedwick R J, Sanchez M M. Micropropulsion system selection for precision formation flying satellite [C]. Salt Lake City: AIAA-2001-3646, 2001.

[10]　Fernando L, Garcia V. The development of a micro-fabricated CNT-based neutralizer for micro-propulsion applications [C]. Cincinnati: AIAA-2007-5255, 2007.

第 7 章
离子光学系统技术

7.1　离子光学系统简介

7.1.1　离子光学系统组成及功能

离子推力器的离子光学系统又称为栅极组件,其主要功能是引出放电室等离子体内的离子,使其加速后高速喷出,从而形成反作用推力。为确保离子推力器具备高比冲和高效率,应最大限度地引出鞘层离子,这就要求栅极间距尽可能小。以双栅极组件为例,靠近放电室的上游栅极称为屏栅极,通常带有 1 000 V 以上的正电位,该电位较放电室等离子体电势稍低,以阻止等离子体中的电子碰撞屏栅极,放电室全部电子基本上由阳极表面吸收。下游栅极称为加速栅极,通常带有上百伏负电位,其主要作用是阻止中和器电子反流到放电室[1-3]。

栅极组件由数片开有成千上万个小孔的导电栅极、安装环和绝缘支撑组成,栅极小孔分布一般为正六边形阵列。按栅极数量的不同,可以分为双栅极、三栅极和双级加速(四栅极)离子光学系统。图 7-1 为典型双栅极离子光学系统结构示意图,栅极孔一一对应,并且对中或者依照特定补偿系数设计有一定偏移,被聚焦加速并产生推力的离子束流将从这些栅极孔中引出。

图 7-1　典型双栅极离子光学系统结构示意图

总体来说,离子光学系统主要有三个方面的功能:① 从放电室中引出离子;② 加速离子从而产生推力;③ 防止中和器电子反流[4-7]。

7.1.2　双栅极离子光学系统

离子推力器大多采用由屏栅极和加速栅极组成的双栅极离子光学系统,图 7-2

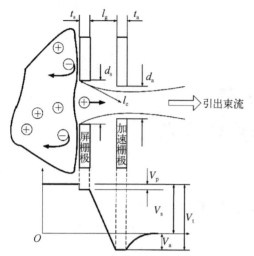

图 7 - 2 双栅极离子光学系统单个
束流通道示意图

为双栅极离子光学系统单个束流通道示意图，d_s、d_a 分别表示屏栅极与加速栅极的孔径，t_s、t_a 分别表示屏栅极与加速栅极的厚度，V_p、V_s、V_t、V_a 分别表示等离子体和屏栅极间的电势差、屏栅电压、等离子体屏栅电势差、加速电压。l_g 表示栅极间距，$l_e = \sqrt{(l_g + t_s)^2 + \left(\dfrac{d_s}{2}\right)^2}$ 表示有效加速长度。

在屏栅极的上游，存在一个由等离子体与屏栅极相互作用而形成的等离子体鞘层。其形成机理为：放电室等离子体中的电子较离子有较高的迁移率，部分电子将先于离子到达屏栅极而在栅极前产生一个负电位鞘层，这个负电位鞘层吸引离子而排斥其余电子，使得到达屏栅极的离子流密度增大，而电子流密度减小，最后当达到屏栅极的电子流密度等于离子流密度时，就在屏栅极上游表面形成一层电位稍低于等离子体电位的等离子体鞘层（简称鞘层），该鞘层的电位比屏栅极电位略高 3~5 V。栅极组件就是利用加速电压将离子从这个鞘层引出，由此也将这个鞘层称为离子发射面。引出离子束的聚焦特性就取决于鞘层的形状与位置，鞘层的形状与位置又和加速电压相关，所以引出离子束的聚焦要通过选择适当的加速电压来调节。加速栅极的作用就是与屏栅极一起，形成一个强加速场引出离子束流，同时阻止下游中和器发射的电子向放电室反流。

离子聚焦发生在离子加速区，该区分为两个部分：鞘层至屏栅极孔之间和双栅极之间。在鞘层附近，离子初始运动方向主要取决于鞘层形状，尽管离子速度较小，趋向于垂直等电势面运动，但对决定离子的运动轨道起关键的作用。只靠等离子体与屏栅极间电位差加速聚焦离子是远远不够的，要经过双栅极之间的更大电位差加速和聚焦离子，使其获得很高的速度。

双栅极离子光学系统的优势在于结构相对简单、可靠性高，适用于寿命要求不高（<20 000 h）的离子推力器[8]。

7.1.3 三栅极离子光学系统

相对于双栅极离子光学系统，三栅极离子光学系统在加速栅极下游设置第三个栅极——减速栅极，图 7 - 3 为三栅极离子光学系统示意图。增加减速栅极的主要目的是减轻电荷交换离子对加速栅极的溅射、刻蚀，以提高栅极工作寿命。

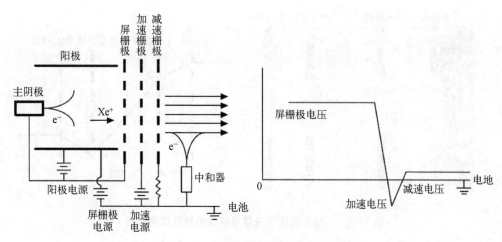

图 7-3　三栅极离子光学系统示意图

对于双栅极离子光学系统,刻蚀加速栅极的电荷交换离子能量来源于加速栅极与中和器的电势差,通常可达 200 eV 以上,由此导致加速栅极下游表面被溅射、刻蚀,降低栅极的工作寿命。在三栅极离子光学系统中,减速栅极的电位和羽流等离子体的电位接近,不仅隔离了下游电荷交换离子对加速栅极的刻蚀,而且使得刻蚀减速栅极的电荷交换离子能量很低,几乎避免了电荷交换离子的溅射、刻蚀,因此可以在保证较高加速电压的条件下,大幅度延长栅极的工作寿命。

三栅极离子光学系统相对双栅极离子光学系统比冲更高、寿命更长,这些优势足以弥补因增加第三个栅极而造成的系统设计及工艺复杂性,适用于较长寿命(≥20 000 h)离子推力器。

7.1.4　双级加速离子光学系统

目前,国内外离子推力器大多采用技术相对成熟的双栅极和三栅极离子光学系统,双级加速离子光学系统是近年来应超高比冲需求而发展起来的新技术,它采用四个栅极的设计,即在三栅极的基础上又增加了一个栅极(引出栅极),其主要作用是将离子的引出和加速分为两个相对独立的步骤来完成。双级加速离子光学系统结构及电位示意图如图 7-4 所示,其中,E_1、E_2、E_3 表示两栅之间的电场强度;V_1、V_2、V_3、V_4 表示各栅极的电势。

双级加速离子光学系统将引出功能和加速功能相对分离。其中,屏栅极的作用和传统的双栅极或三栅极离子推力器是一样的;引出栅极不同于双栅极或三栅极,它的功能不是加速离子,而是最大化引出离子电流。因此该栅极电势相对屏栅极的差值较小,且屏栅极和引出栅极之间的距离比双栅极或三栅极要小。第三个栅极是加速栅极,它和引出栅极的间距比较大,因此其电压相对引出栅极可以差别很大,由此完成离子的主要加速并实现超高比冲,例如,8 kV 电势差可以使比冲达

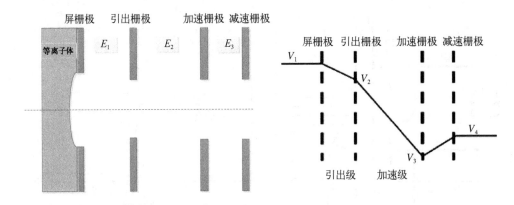

图 7 - 4　双级加速离子光学系统结构及电位示意图

到 30 000 s。减速栅极同样是用于防止交换电荷离子的溅射、刻蚀,通常为零电位或小的负电位。

　　双级加速离子光学系统的优势在于能够很好地降低束流发散角、提高束流离子速度、大幅提高比冲,但是对于四栅极组件,其束流的引出是一个较为复杂的过程,四栅极引入的系统设计及工艺复杂性也是亟待解决的问题。

7.2　离子光学系统结构设计

7.2.1　栅极材料选用

　　离子光学系统的使用工作条件要求其必须采用导热性好、热膨胀系数尽可能小、耐离子溅射能力较强、结构强度足够适应力学环境的原材料。

　　栅极常见材料有金属钼、钛和碳基材料,其关键性能对比如表 7 - 1 所示,可以看出,碳基材料具有优异的热稳定性和耐离子溅射,是较为理想的栅极材料,可解决栅极热变形和溅射腐蚀失效问题,从而有效地提高离子推力器的可靠性和寿命,被美国、日本和英国等用于离子推力器栅极组件的研制。但是碳基材料栅极也存在缺点,其力学强度较低,加工制造工艺复杂。因此,现阶段国内外大多数栅极材料采用的仍是金属钼,其成孔和成型等工艺均已比较成熟,应用成熟度较高。

表 7 - 1　常见栅极材料关键性能对比

材料种类	热膨胀系数	典型氙离子能量下的溅射产额	
		$E_{Xe} = 200$ eV	$E_{Xe} = 400$ eV
钼	5.2×10^{-6} K^{-1}	0.29	0.70
钛	10.8×10^{-6} K^{-1}	0.13	0.34
碳基	接近 0 甚至负值	0.04	0.12

E_{Xe} 表示相应的氙离子能量,栅极安装环材料选择应与栅极材料的热膨胀系数接近,以减小两种材料热形变不一致导致的栅极过应力或永久变形。栅极安装环常见材料为钛合金、钼和碳基材料,其中前两种材料与钼栅极配套使用,碳基材料安装环与碳栅极配套使用。

栅极绝缘支撑的热形变是影响双栅极间距和气体流导的重要因素,同样需要选择热膨胀较小的支撑材料,同时保证栅极间电绝缘,一般选择 A95 氧化铝陶瓷作为栅极绝缘支撑的原材料。

7.2.2　栅极组件几何参数设计

当离子光学系统工作时,屏栅极起到将等离子体边界限制在其上游,并构成聚焦电极的作用,屏栅极的孔径 d_s 和厚度 t_s 首先决定离子光学特性,特别是屏栅极孔径 d_s 参数成为设计离子光学系统其他栅极的基本参照尺寸。

国内外研究机构在大量试验数据的基础上,得到了离子光学系统结构参数优选取值。

（1）屏栅极厚度参数 $\dfrac{t_s}{d_s}$：$0.125 \sim 0.175$。

（2）加速栅极厚度参数 $\dfrac{t_a}{d_s}$：$0.2 \sim 0.4$。

（3）加速栅极孔径参数 $\dfrac{d_a}{d_s}$：$0.6 \sim 0.7$。

（4）减速栅极厚度参数 $\dfrac{t_d}{d_s}$：$0.2 \sim 0.4$。

（5）减速栅极孔径参数 $\dfrac{d_d}{d_s}$：$0.8 \sim 0.9$。

式中, d_s、d_a、d_d 分别为屏栅极、加速栅极和减速栅极的孔径; t_s、t_a、t_d 分别为屏栅极、加速栅极和减速栅极的厚度。对于四栅极离子光学系统,上述优选范围同样适用,其中,引出栅极可参考加速栅极取值。

一般大口径的离子光学系统都用球面栅极,以保证各栅极在热循环工况和力学环境中栅极形变方向的一致性。但采用球面栅极会明显增大束流发散,导致推力器的推力损失。这种束流发散由两部分组成,一部分是由球面本身的形状产生的束流发散;另一部分是由球面栅极加工时造成屏栅极与加速栅极孔中心线的相对位移而产生的束流发散。

图 7-5 为造成束流发散并产生推力损失的有效单孔束流示意图,其中,Lg 为栅间距。为了使单孔束流的轨迹接近轴向,需要对其中一个栅极的孔中心距做一

些调整。孔中心距小于0.5%的改变量就足以使束流发散显著减小,这种孔中心距的改变称为"补偿"。这种补偿作用是通过让每个单孔束流向推力器的轴向偏转,从而抵消由球面栅极产生的发散作用而实现的,如图7-6所示。为了表示栅极孔

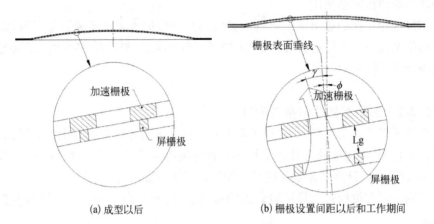

(a) 成型以后　　　　　　　(b) 栅极设置间距以后和工作期间

图7-5　造成束流发散并产生推力损失的有效单孔束流示意图

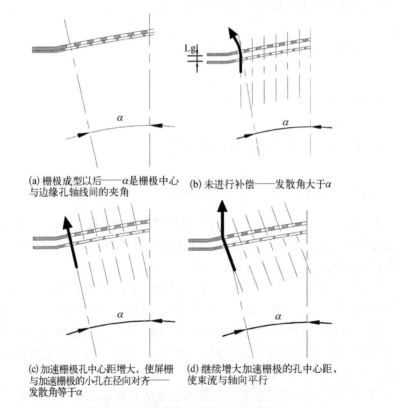

(a) 栅极成型以后——α是栅极中心　　(b) 未进行补偿——发散角大于α
与边缘孔轴线间的夹角

(c) 加速栅极孔中心距增大,使屏栅　　(d) 继续增大加速栅极的孔中心距,
与加速栅极的小孔在径向对齐——　　　使束流与轴向平行
发散角等于α

图7-6　对束流发散进行补偿的步骤

中心距的变化量,定义一补偿系数 δ,它表示栅极孔中心距的相对变化量。对于双栅极离子光学系统,δ 表示为

$$\delta = \frac{2\Phi_h h^2\left(\dfrac{2l_g}{D_b^2 + h^2} + \dfrac{t_s + t_a}{D_b^2 - h^2}\right)}{(D_b^2 + h^2)\arcsin\dfrac{2\Phi_h h}{D_b^2 + h^2}} + \frac{2hd_a}{k(D_b^2 + h^2)} \tag{7-1}$$

式中,δ 为补偿系数;D_b 为束口径直径;Φ_h 为球面直径;h 为球面拱高;k 为经验常数。该公式同样适用于三栅极甚至四栅极离子光学系统,分别分两次和三次补偿即可计算出对应的补偿值。而小口径(小于 10 cm)栅极没必要采用球面设计,往往采用平面结构。

7.2.3　栅极组件绝缘与支撑结构设计

当离子光学系统工作时,栅极之间具有很高的电势差,栅极之间要采取防电击穿绝缘设计,特别是防低气压击穿设计。栅极之间的绝缘设计主要分两方面,一方面是栅极片之间的绝缘设计;另一方面是栅极片之间连接固定结构的绝缘设计。

根据汤森放电原理,气体的击穿电压 U_b 是电极最小距离 d 和气压 p 乘积的函数,由试验得到的曲线为帕邢曲线,如图 7-7 所示。

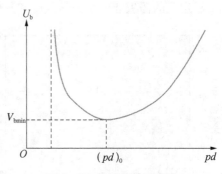

图 7-7　帕邢曲线示意图

由图 7-7 曲线可以看出,对应一定的气体压力,存在最低的击穿电压 V_{bmin},该击穿电压所对应的 pd 值为 $(pd)_0$。 对于空气,$(pd)_0$ 约为 0.76 Pa·m,空气最小击穿电压约为 330 V。帕邢曲线在 $(pd)_0$ 处分为左右两支。在真空环境中工作的器件,相邻电极间防气体放电的工作点设计在帕邢曲线左支线上,即气压越低或电极间距离越小,放电击穿电压越高。

当离子推力器工作时,栅极组件电极间气压低于 1×10^{-2} Pa,防止直流高电压引起栅极组件电极间放电击穿设计也分两个方面。一方面,栅极片之间的绝缘设计主要考虑两栅极之间的安全距离,需要给推力器工作冷热交变情形下的热形变留够安全余量,即最大热形变情况下,栅极片之间也有足够的绝缘距离;另一方面是栅极片之间的固定连接支撑结构的绝缘设计,主要考虑电极间气压足够低和防止电极间存在电荷源。在具体的防电荷源设计中,一是防止外界等离子体进入栅极组件连接支撑区域;二是栅极组件与推力器放电室之间的隔离设计,防止放电室

等离子体或中性气体进入栅极组件连接支撑区域。

7.2.4　栅极组件抗力学设计

离子光学系统特殊的薄壁结构决定了其属于离子推力器的力学薄弱部件。对于大推力、高比冲技术指标,离子推力器口径将会同步增大,力学薄弱问题越加显得突出,因此在离子光学系统设计时,必须考虑其在发射环境中的应力和形变。

一般口径大于 10 cm 的栅极,为增加其刚性,都采用球面设计。金属钼栅极球面加工首先要进行预成型,然后进行热处理消除加工应力并保持最终形状。钼栅极热处理的关键参数是热处理温度和保温时间。钼的再结晶温度为 900℃,为了解钼栅极在不同热处理温度下钼的晶粒及力学性能变化情况,针对不同厚度的钼板试样,在 900℃ 上下宽范围内选取 $t_1 \sim t_9$ 共 9 个温度点,保温时间分别设置 60 min、120 min 和 180 min 进行试验研究。试验结果如图 7-8 所示,由图 7-8 可知,三种保温时间对材料性能影响不大,因此选择保温时间相对较短的 60 min。而在定型温度选择时,重点保证延伸率。通过力学分析,在保证安全裕度的条件下,拉伸强度进行适当让步,最终选定 t_5 温度下保温 60 min 的高温定型参数,使经过高温定型的栅极兼顾了力学强度和延伸率。

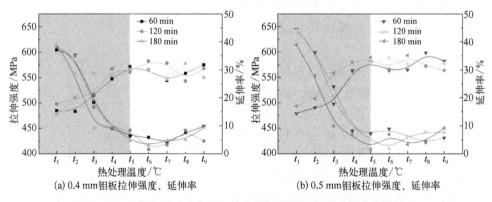

(a) 0.4 mm钼板拉伸强度、延伸率　　　　(b) 0.5 mm钼板拉伸强度、延伸率

图 7-8　不同定型温度参数下的金属钼力学强度和延伸率测试结果

栅极间距也是栅极组件抗力学设计中不可忽视的问题,理论上在栅极安全电场允许的条件下,栅极间距越小离子引出性能越好。但在振动和冲击过程中,较小的栅间距易导致栅极之间发生碰撞,直接造成栅极破损。因此,栅间距不宜过小,一般在 0.6 mm 以上。另外,金属钼球面栅极的拱高也是影响栅极组件力学性能的一个因素,拱高设计受栅极原材料延伸率的限制,不能过高,球面拱高和弦(一般为栅极开孔区域直径)的比值一般取值为 0.5~0.6。

上述为栅极组件自身抗力学设计。从离子推力器单机角度也可以考虑增强栅极组件力学性能的设计。例如,在离子推力器的栅极安装接口处增加减振缓冲装置,减弱传递到栅极组件的振动和冲击。

7.2.5　栅极组件柔性安装设计

现阶段国内外常用的栅极组件安装方式主要为固定安装,即将栅极螺接或焊接至对应的栅极安装环,并通过栅极绝缘支撑保证栅极间距。为解决固定安装存在的热应力及形变问题,可通过柔性安装的方式释放栅极产生的热应力,减小栅极热形变。栅极组件柔性安装的原理就是通过一个弹性支承件来释放栅极热形变,保证栅极间距的稳定。

柔性安装的结构形式较多,弹性支承件有板式弹簧件和钢琴弦线等;英国研制的 T6 离子推力器栅极和日本研制的 LM - 1 - MK - 1 离子推力器栅极采用了板式弹簧柔性安装结构,如图 7 - 9 所示;日本研制的 LM - 2 离子推力器采用了钢琴弦线柔性安装结构,如图 7 - 10 所示。

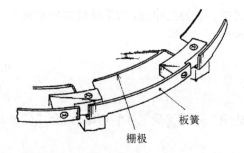

(a) T6离子推力器双栅极组件　　　　　(b) LM-1-MK-1离子推力器双栅极组件

图 7 - 9　板式弹簧柔性安装结构示意图

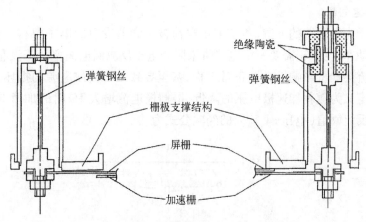

图 7 - 10　钢琴弦线柔性安装结构示意图[17]

7.3 离子光学系统性能设计

7.3.1 栅极组件工作参数设计

1. 束电压和束流

考虑束流发散和双荷离子效应修正下的推力计算公式为

$$F = F_t \beta \sqrt{\frac{2M_i}{e}} I_b \sqrt{V_b} \qquad (7-2)$$

式中，F 为推力；F_t 为束流发散对推力的修正系数；β 为双荷离子修正系数；M_i 为工质气体离子质量；e 为元电荷量；I_b 为引出束流；V_b 为屏栅电压（束电压），其中 F_t 和 β 一般取经验值。而推力又可以表示为

$$F = I_{sp} \dot{m} g \qquad (7-3)$$

式中，I_{sp} 为比冲；$\dot{m}$ 为工质气体质量流率；g 为重力加速度。束流也可以用流率等效为

$$I_b = \frac{\eta_m e \dot{m}}{M_i} \qquad (7-4)$$

式中，η_m 为工质气体利用率，结合式(7-2)~式(7-4)可得出

$$V_b = \frac{M_i}{2e} \left(\frac{I_{sp} g}{\alpha \beta \eta_m} \right)^2 \qquad (7-5)$$

在推力、比冲、气体工质利用率已知的情况下，即可求得屏栅极电压和束流。

2. 加速电压

在离子光学系统的下游，离子束正电荷被中和器发射的电子中和。由于电子比离子运动速度更快，需要一个电势阱来阻止电子反流回电离室。若没有电势阱，则电子反流会严重影响推力器正常工作，甚至导致推力器或电源的损坏。电子反流阈值被定义为随着加速极电压的降低，屏栅极电流增大 1% 时的加速电压值，加速极电子反流阈值（电压）$|V_a|$ 的经验公式为

$$|V_a| = \frac{V_b}{2\pi \dfrac{l_e}{d_a} \exp\left(\dfrac{t_a}{d_a} \right) - 1} \qquad (7-6)$$

尽管该经验公式存在 10%~20% 的偏差，但可以用于估算加速栅极电压。

3. 净总加速电压比

净加速电压 V_N 与总加速电压 V_T 的比值定义为净总加速电压比 R：

$$R = \frac{V_N}{V_T}$$

$$V_N = V_s + V_d \qquad\qquad (7-7)$$

$$V_T = V_N + |V_a|$$

式中，V_s 为屏栅极电压；V_d 为放电电压；V_a 为加速电压。净总加速电压比 R 反映了栅极组件对离子聚焦的程度，或者反过来说可以描写离子束的发散特性。束流发散角除与栅极组件的几何结构有关外，还与总加速电压 V_T 和 R 值有关，R 一般在大于 0.7 以上时，束流发散角可以控制在全角 30° 以内。对于给定栅极，R 越大，束流发散角 α 越小。但 R 的使用范围受到截获电流、电子反流的限制，在实际工程应用中，一般 R 的最佳经验取值为 0.75~0.9。

7.3.2 栅极组件束流引出性能设计与分析

1. 导流性能

当等离子体电位、等离子体密度、离子净加速电压确定时，栅极的性能主要由栅极的导流能力决定。因此，栅极性能的设计就是通过对净总加速电压比、栅极结构尺寸等几何参数的设计，使栅极满足加速引出所需束流的导流能力。

由鞘面发射的离子流经过栅极离子光学系统引出束流，因空间电荷效应限制而遵守查尔德-郎缪尔（Child-Langmuir）定律，单孔最大束流密度 J_b 为

$$J_b = \frac{4}{9}\varepsilon_0 \sqrt{\frac{2e}{m_i}} \frac{V^{3/2}}{l_g^2} \qquad\qquad (7-8)$$

式中，ε_0 为真空介电常数；e 为元电荷量；m_i 为单个离子质量；V 为栅极加速电压。假定通过栅孔的离子流是均匀的，则可得到最大单孔束流 i_{bmax} 为

$$i_{bmax} = \frac{\pi d_s^2}{4} J_b = \frac{\pi}{9}\varepsilon_0 \sqrt{\frac{2e}{m_i}} \frac{V^{3/2} d_s^2}{l_g^2} \qquad\qquad (7-9)$$

考夫曼对式(7-9)进行修正，用有效加速长度 $l_e = \sqrt{(l_g + t_s)^2 + \frac{d_s^2}{4}}$ 代替 l_g，用总加速电压 V_T 取代 V，于是把鞘面弯曲和等离子体悬浮电位、放电电压和加速栅负电压等因素引入数学模型中。修正后的最大单孔束流为

$$i_{\text{bmax}} = \frac{\pi}{9}\varepsilon_0 \sqrt{\frac{2e}{m_i}}\frac{V_T^{3/2}d_s^2}{l_e^2} \tag{7-10}$$

栅极组件在单位总加速电压下，单孔引出最大束流的大小定义为单孔最大导流系数 P_{max}，它表征了栅极组件的最大束流引出能力：

$$P_{\text{max}} = \frac{I_{\text{bmax}}}{V_T^{3/2}} = \frac{\pi}{9}\varepsilon_0 \sqrt{\frac{2e}{m_i}}\left(\frac{d_s}{l_e}\right)^2 \tag{7-11}$$

定义：

$$\frac{NP}{H} = \frac{i_b}{V_T^{3/2}}\left(\frac{l_e}{d_s}\right)^2 \tag{7-12}$$

式(7-12)中 $\dfrac{NP}{H}$ 的量纲为朴 $(A/V^{3/2})$。由式(7-10)和式(7-12)联合可得

$$\left(\frac{NP}{H}\right)_{\text{max}} = \frac{i_{\text{bmax}}}{V_T^{3/2}}\left(\frac{l_e}{d_s}\right)^2 = \frac{\pi}{9}\varepsilon_0\sqrt{\frac{2e}{m_i}} \tag{7-13}$$

这是在假设鞘发射的离子全部通过离子光学系统的条件下推出的，但是上述假设在实际中很难达到，在实际工程应用中要考虑离子束的过聚焦和欠聚焦、束流分布的不均匀性、适当的性能调节范围等，在实际工作时远达不到理论极限值。用 $\left(\dfrac{NP}{H}\right)_{\text{max}}$ 对 $\dfrac{NP}{H}$ 进行归一化，定义为每个孔的归一化导流系数 K，定义式如式(7-14)所示，表征了每个孔的实际工作束流引出能力。

$$K = \frac{\dfrac{NP}{H}}{\left(\dfrac{NP}{H}\right)_{\text{max}}} = \frac{\dfrac{i_b}{V_T^{3/2}}\left(\dfrac{l_e}{d_s}\right)^2}{\dfrac{\pi}{9}\varepsilon_0\sqrt{\dfrac{2e}{m_i}}} \tag{7-14}$$

K 一般要求达到 $35\% \sim 50\%$。当栅极出现明显的离子截获时，所对应的归一化导流系数值为设计的使用上限值。

2. 束流均匀性

表征引出离子束流均匀性的方法有两种，第一种方法是引入束流平度参数，其定义为离子光学系统抽取的总束流与按峰值束流密度计算的总束流之比，即

$$F' = \frac{2\pi\displaystyle\int_0^{r_b} J_b r\,\mathrm{d}r}{J_{\text{bmax}}\pi r_b^2} \tag{7-15}$$

式中，F' 为束流均匀度；J_b 为束流密度；r_b 为引出离子束流的束半径。只有完全均匀的束流密度分布 $F' = 1$，其他非均匀情况则小于 1。

　　表示束流均匀性的第二种方法是把测试点束流径向分布曲线按最大值归一化，在画出归一化束流轮廓曲线后，按变化 20% 的位置确定为有效束径。定义束流均匀度等于有效束径与栅极口径比。这种定义方法比较直观和严格，因为不能单独考虑束流均匀情况，口径大的推力器均匀范围自然也大。但要真正反映推力器束流均匀性的水平，必须把源的口径考虑在内。束流均匀度为

$$F' = \frac{D_b}{D_a} \tag{7-16}$$

式中，D_b 为有效束径；D_a 为栅极口径。

　　束流均匀性直接关系着推力器的寿命和可靠性，束流均匀性越好，离子光学系统的寿命越长和可靠性越高。提高束流均匀性的常规方法主要分为两类，一是提高放电室等离子体密度分布均匀性，也就是改进栅极输入离子的均匀性；二是通过栅极设计改进栅极输出离子分布的均匀性。其中，第一类方法在本书第 3~5 章中已经叙述，这里主要讨论第二类方法，该方法基于栅极孔径与放电室等离子体参数相匹配的设想，通过验证已经取得良好效果。

　　根据单孔束流公式（7-9）可知，离子光学系统抽取的单孔束流 $i_b \propto d_s^2$，注入栅极孔的离子数与栅极孔上游的等离子体密度 n_i 有关，即 $J_b \propto n_i$。到达离子鞘的离子流密度为 $J_i = e n_i v_i$，其中的离子速度 v_i 可取玻姆判据速度，即 $v_i = \sqrt{kT_e/(eM_i)}$。由离子鞘发射的离子流，通过栅极孔形成束离子流时与栅极尺寸相关的损失因子是 $\exp(-2t_s/d_s)$，如果栅极间距 l_g 不变，则单孔束流 i_b 与等离子体密度 n_i、电子温度 T_e、损失因子 $\exp(-2t_s/d_s)$ 和屏栅极孔径 d_s 几个参数的关系为

$$i_b \propto n_i \sqrt{T_e} \exp\left(-\frac{2t_s}{d_s}\right) d_s^2 \tag{7-17}$$

　　变孔径屏栅极孔径 $d_s(r)$ 与 $n_i(r)$ 和电子温度 $T_e(r)$ 分布相匹配，即屏栅极上不同径向位置的屏栅极孔径按该位置的 n_i 和 T_e 来确定，由此可利用不同的孔径抽取相同的束流密度，达到改善束流密度均匀性的目的。具体方法是将屏栅极分成中心圆环和几个同心圆环，然后计算出各区域等离子体密度和温度的相对平均值，根据式（7-17）可以得出：

$$\frac{i_{b,k}}{i_{b,j}} = \frac{n_{i,k}\sqrt{T_{e,k}}\left(1 - \dfrac{2t_s}{d_{s,k}}\right) d_{s,k}^2}{n_{i,j}\sqrt{T_{e,j}}\left(1 - \dfrac{2t_s}{d_{s,j}}\right) d_{s,j}^2} \tag{7-18}$$

式中,下标 k 为 k 区域;下标 j 为 j 区域。根据各区域内单孔引出束流相同,即 $i_{b,k} = i_{b,j}$,确定不同区域的屏栅极孔径 $d_s(r)$。

受放电室电离产生等离子体浓度均匀性和栅极组件结构参数的影响,束流均匀度最好能达到 0.8 左右,一般要求达到 0.6 以上。

7.3.3　栅极组件束流聚焦性能设计与分析

离子鞘层的形状和相对栅极的位置并非固定不变的,而是受多种因素的影响。等离子体电位、等离子体密度、离子加速电压、栅极材料特性、栅极孔孔径和间距等都会改变鞘层的形状和位置。正常工作条件下的鞘层是弯曲的,近似于一个球冠,凹面对着屏栅极孔,鞘面位于屏栅极上游,这种几何形状使鞘面发射的离子能全部进入屏栅极孔内,并且具有正常聚焦的束离子轨迹,如图 7-11(b)所示。如果加速电压不足或等离子体密度过高,则鞘面向栅极孔方向移动,鞘面变得较平,离子得不到良好的聚焦,离子轨迹呈发散状态,严重时鞘面凸向栅极孔方向,造成严重的欠聚焦,如图 7-11(a)所示。反之如果加速电压过大和等离子体密度过低,鞘层将远离离子加速区域,凹向放电室的弧度变得更大,这时离子束会产生过聚焦,引出离子轨迹会发生交叉,如图 7-11(c)所示。欠聚焦和过聚焦都会导致加速栅截获部分束流,属于应避免的离子聚焦不良情况。

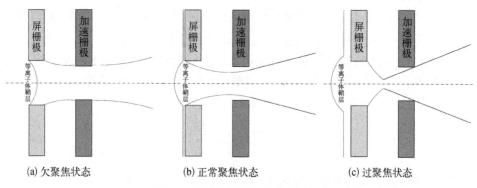

(a) 欠聚焦状态　　　　　　(b) 正常聚焦状态　　　　　　(c) 过聚焦状态

图 7-11　离子光学系统不同聚焦形式示意图

加速栅极截获电流与单孔束流的比值和单孔束流的关系曲线是一个典型的"马蹄形"曲线,如图 7-12 所示。当单孔引出束流较小时,交叉的离子冲击到加速栅极孔下游边缘上,造成截获电流增大,这时离子束处于过聚焦状态。在正常的引出束流区域内,截获电流值相对比较平直,且达到最小,它取决于中性粒子浓度和放电室内的工质利用率。当单孔引出束流增大到一定程度时,截获电流又迅速增大,这说明束流离子直接冲击到加速栅极孔上游边缘,这时束流处于欠聚焦状态。

栅极组件束流聚焦引出性能可以用 PIC-MCC 数值计算方法进行模拟分析,以兰州空间技术物理研究所 20 cm 离子推力器(LIPS-200)双栅极组件为例进行说明。

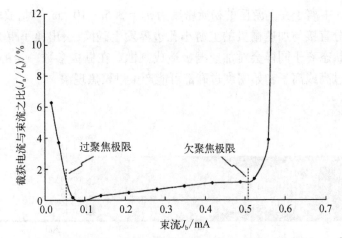

图 7-12 加速栅极截获电流与单孔束流比值和单孔束流的关系曲线[18]

图 7-13 为屏栅极电压值为 1 000 V,加速栅极电压值为 -180 V 电势条件下离子密度分布,其中,等离子体在上游区的初始密度为 $n_0 = 1.0 \times 10^{15} \, \mathrm{m}^{-3}$,引出离子束为过聚焦状态。过聚焦状态离子直接对加速栅极造成刻蚀,严重降低离子推力器离子光学系统的寿命,所以在设计过程中要避免出现过聚焦状态。栅极参数一定的条件下,等离子体电势过低或初始离子密度过低都可能产生过聚焦现象。

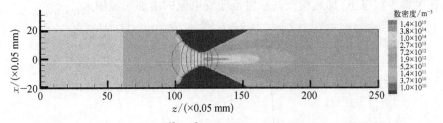

图 7-13 $n_0 = 1.0 \times 10^{15} \, \mathrm{m}^{-3}$ 时的电势与电荷密度分布(过聚焦状态)

图 7-14 中离子在上游区的初始密度为 $n_0 = 1.0 \times 10^{16} \, \mathrm{m}^{-3}$ 时放电室引出的离子没有与加速栅极发生碰撞,全部通过加速栅极小孔进入主束流。在此条件下栅极组件的聚焦效果很好。

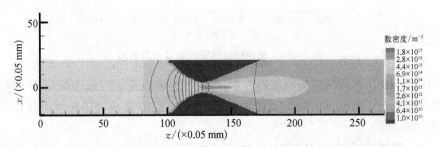

图 7-14 $n_0 = 1.0 \times 10^{16} \, \mathrm{m}^{-3}$ 时的电势与电荷密度分布(正常聚焦状态)

图 7-15 中离子在上游区的初始密度为 $n_0 = 3.5 \times 10^{17}\ \mathrm{m}^{-3}$ 时,放电室引出的离子中一部分直接与加速栅极的上游小孔边界发生碰撞,引出离子束为欠聚焦状态。欠聚焦状态离子同样会对加速栅极造成刻蚀。在栅极参数一定的条件下,等离子体电势过高或离子初始密度过高都可能产生过聚焦现象。

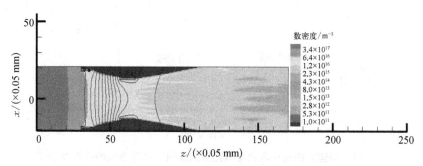

图 7-15 $n_0 = 3.5 \times 10^{17}\ \mathrm{m}^{-3}$ 时的电势与电荷密度分布(欠聚焦状态)

模拟分析同样得到不同加速电压下束流通过屏栅极直接与加速栅极碰撞的截获电流。图 7-16 是不同屏栅极电压情况下,加速栅极截获电流随束流的变化情况。图 7-17 是不同屏栅极电压情况下,加速栅极截获电流随上游放电室离子密度的变化情况。在产生欠聚焦现象之前,加速栅极截获电流在束流增大时始终为零;在欠聚焦状态下,加速栅极截获电流随着束流的增加明显增大。

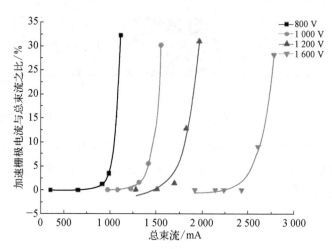

图 7-16   加速栅极截获电流与束流关系

图 7-18 为不同屏栅极电压情况下,不产生欠聚焦现象的最高临界离子束流,即引出束流大于该临界值时将会产生欠聚焦现象,临界束流随屏栅极电压的增大而增大。

综上所述,采用上述基于 PIC - MCC 的栅极组件数值计算仿真的方法,可以有

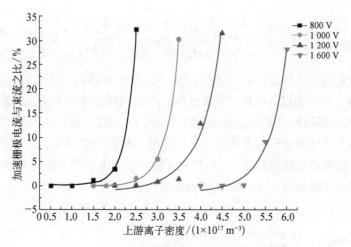

图 7-17　加速栅极截获电流与离子密度关系

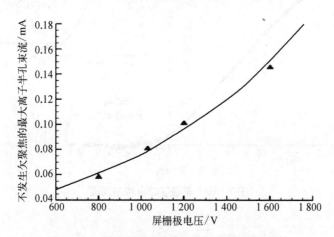

图 7-18　不同屏栅极电压下的欠聚焦极限束流

效得到栅极组件在不同工作参数下对离子的聚焦、加速引出情况,从而判断栅极设计是否存在过聚焦、欠聚焦等现象。

7.3.4　电子反流安全裕度设计与分析

当离子推力器工作,中和器发射的电子动能超过加速栅产生的阻止电子向上游运动的势阱(又称鞍点电势)时,束流等离子体中的电子就能沿着电位梯度最大的路径向上游迁移进入放电室内,这时就会出现电子反流现象[9-11]。

栅极区域电势剖面图如图 7-19 所示,当电子能量高于 $e(V_{bp} - V_{sp})$ 时就会出现电子反流。由于离子推力器总要保持电中性,所以束流等离子体中离子和电子的总量要保持相等,这里假设束流等离子体中离子与电子局部密度相等,即 $n_i = n_e$,进而可以得到特定的反流电子电流与束流离子电流比例对应的鞍点电势值:

$$V_{sp} = V_{bp} + \frac{kT_e}{e}\ln\left[\frac{2J_e}{J_b}\sqrt{\pi\ \frac{m_e}{m_i}\ \frac{e(V_{dp}-V_{bp})}{kT_e}}\right] \quad (7-19)$$

式中，J_e 为束流电子密度；m_e 为电子质量；V_{dp} 为放电等离子体电势；V_{bp} 为束流等离子体电势。加速栅极负电压在栅极孔附近产生的鞍点电势是由加速栅极电压、屏栅极电压、加速栅极厚度和穿过栅极孔的束流离子共同决定的，如图 7-20 所示。由于轴对称特点和反流电子主要聚集在子束流轴心附近 20% 的面积区域，可以判断反流电子的反流路径主要沿着图 7-20 中的 z 轴。反流电子沿 z 轴向上游迁移的路径会选择电位梯度最大的 z 轴，也就是鞍点电势位置。

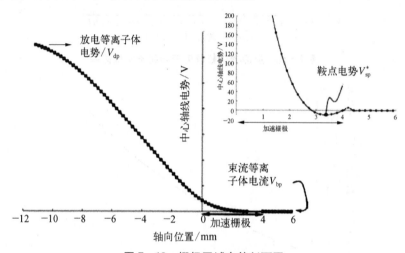

图 7-19   栅极区域电势剖面图

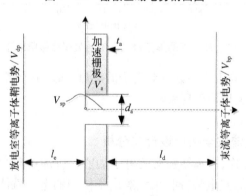

图 7-20   鞍点电势示意图

假设加速栅极厚度无限小，中心线上的鞍点电势在轴线 z_{sp} 点，则

$$V_{sp} = V_a + \frac{d_a(V_{dp}-V_a)}{2\pi l_e}\left[1 - \frac{2t_a}{d_a}\arctan\left(\frac{d_a}{2t_a}\right)\right]\exp\left(-\frac{t_a}{d_a}\right) \quad (7-20)$$

式中,右侧第一项 V_a 为阻止电子反流的加速栅极负电压;第二项为上游环境正偏压和加速栅极结构的影响(屏栅极电势,加速栅极厚度孔径比)。

束流离子引起的鞍点电势差值 ΔV 被表示为

$$\Delta V = \frac{J_b}{2\pi\varepsilon_0}\left[\frac{m}{2e(V_{dp}-V_{sp})}\right]^{1/2}\left[\frac{1}{2}-\ln\left(\frac{d_b}{d_a}\right)\right] \qquad (7-21)$$

综上,鞍点电势可以表示为

$$V_{sp} = V_a + \Delta V + \frac{d_a(V_{dp}-V_a)}{2\pi l_e}\left[1-\frac{2t_a}{d_a}\arctan\left(\frac{d_a}{2t_a}\right)\right]\exp\left(-\frac{t_a}{d_a}\right) \qquad (7-22)$$

在离子推力器运行中加速栅极位置的子束流离子直径小于加速栅极孔,因此 ΔV 恒为正,总会导致 V_{sp} 增加。整理可以得到,加速栅极电子反流阈值电压,即能够阻止电子反流的加速栅极最小电压值。

$$V_a = \frac{V_{sp}-\Delta V - BV_{dp}}{1-B} \qquad (7-23)$$

$$B = \frac{d_a}{2\pi l_e}\left[1-\frac{2t_a}{d_a}\arctan\left(\frac{d_a}{2t_a}\right)\right]\exp\left(-\frac{t_a}{d_a}\right) \qquad (7-24)$$

式中, V_{sp} 按照式(7-19)计算。

为了防止电子反流,加速栅极实际电压在工程应用中一般取经验值为 1.5~2.0 倍电子反流阈值电压,即电子反流安全裕度设计一般为 1.5~2.0。

参考文献

[1] 李娟,顾左,江豪成,等.氙离子火箭发动机补偿栅极设计[J].真空与低温,2005,11(1):29-33.
[2] Fearn D G. The use of ion thrusters for orbit raising [J]. Journal of the British Interplanetary Society, 1980, 33: 129-137.
[3] 刘金声.离子束技术与应用[M].北京:国防工业出版社,1995.
[4] 贾艳辉,张天平,郑茂繁,等.离子推力器栅极系统电子反流阈值的数值分析[J].推进技术,2012,33(6):991-996.
[5] 李娟,刘洋,楚豫川,等.离子推力器欠聚焦冲击电流的数值模拟[J].推进技术,2011,32(6):751~755.
[6] 孙明明,张天平,王亮.30 cm 口径离子推力器热特性模拟分析[J].真空与低温,2014,20(3):158-162.
[7] 孙明明,张天平,陈娟娟.LIPS-200 环形会切磁场离子推力器热模型计算分析[J].推进

技术,2015,36(8):1274-1280.

[8]　郑茂繁.离子发动机栅极组件的热应力分析[J].真空与低温,2006,12(1):33-36.

[9]　Goebel D M, Katz I. Fundamentals of electric propulsion: ion and hall thrusters [M]. New Jersey: JPL Space Science and Technology Series, 2008.

[10]　Kafafy R, Wang J. A HG - IFE - PIC simulation model for ion thruster optics plasma flow [C]. Toronto: AIAA 2005 - 4789, 2005.

[11]　Wang J, Cao Y, Kafafy R, et al. Ion impingement limits of sub-scale ion optics: comparison of simulation and experiment [C]. Sacramento: AIAA 2006 - 4999, 2006.

第 8 章
空心阴极技术

8.1 空心阴极的功能与组成

离子电推进空心阴极按照其发射电子的主要作用分为两种:一是空心阴极向放电室发射电子,电子碰撞工质气体并电离,对应器件通常称为阴极;二是空心阴极向推力器引出离子束流发射电子,电子将其中和成为准中性等离子流,对应器件通常称为中和器。

空心阴极通常选择节流型结构,主要由阴极本体和触持极两大部分组成[1],如图 8-1 所示。阴极本体由阴极管、发射体、阴极顶、加热丝、供气法兰等组成。阴极管为细长空心圆筒结构,管的始端(上游)为供气法兰,末端(下游)为阴极顶,主要作用是充当阴极放电室,同时支撑加热器和发射体,处于空心阴极地电位。发射体为空心圆筒结构,安装在阴极管内部靠近阴极顶的位置,主要作用是发射热电子。阴极顶为圆板结构,中心有节流孔,主要作用是阻滞内部工质气体以增加阴极管内部压力,同时聚焦电子束。加热丝安装在阴极管外表面的陶瓷骨架上,主要作用是加热发射体使其达到能够发射电子的温度,启动阴极工作。供气法兰位于阴极管上游顶端,连接贮供系统供气管路。安装法兰位于阴极管上游靠近供气法兰位置,提供空心阴极与离子推力器之间的安装接口。

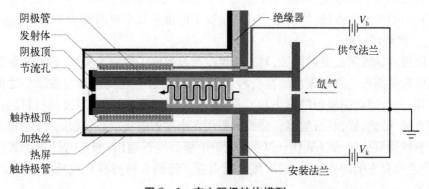

图 8-1　空心阴极结构模型

触持极安装在阴极外部,由触持极管、触持极顶和热屏组成。触持极管为空心圆筒结构,与阴极管同轴,其下游末端有中心开孔的触持极顶。触持极管施加相对于阴极管的正电位,实现对发射电子的抽运和对阴极本体离子溅射的保护。热屏为多层筒状结构,安装在触持极管内表面,主要作用是屏蔽加热器的径向散热。阴极本体与触持极之间通过绝缘器实现电隔离。

8.2   空心阴极结构设计

8.2.1   空心阴极材料选用

1. 发射体材料

理想的发射体材料[2]应满足:

(1)电子发射功函数小,发射电流密度大;

(2)在工作温度下活性物质蒸发速率小;

(3)抗中毒能力强,稳定性好;

(4)耐离子轰击(溅射少)。

空心阴极发射体通常选用六硼化镧(LaB_6)和钡钨(Ba – W)两类材料[3-6]。LaB_6属于立方晶格结构硼化物,具有高熔点、高电导率、高电子发射密度、低蒸发率和抗中毒能力强的特点。Ba – W 为多孔的金属钨浸渍钡盐发射体,当 Ba – W 发射体加热到 1 100℃时,多孔钨中浸渍的 Ba、BaO 向表面扩散,在钨表面形成 Ba^+/O^- 单原子偶极子层,借助局部电场,Ba^+/O^- 单原子偶极子层使钨表面的逸出功由 4.5 eV 降为 2.2~2.5 eV,电子很容易脱离表面形成发射电子。

相比较而言,LaB_6 电子逸出功约为 2.67 eV,Ba – W 电子逸出功约为 2.06 eV,因此,LaB_6 工作温度比 Ba – W 的高,在相同的电子发射条件下,LaB_6 维持功率更高。但 LaB_6 空心阴极对工质气体的纯度要求比 Ba – W 阴极低一个量级,这对电推进系统的试验和运行成本降低所带来的好处远远大于电功率的消耗,特别是对于中高功率离子电推进,LaB_6 空心阴极综合优势更为明显。Ba – W 阴极主要用于中低功率的离子电推进,特别是小功率情况下电推进效率对阴极功率非常敏感。

2. 阴极顶材料

阴极顶靠近阴极发射体区,其工作温度与发射体工作温度相当,因此阴极顶要求能够承受高温及离子轰击。在空心阴极点火时,首先在阴极顶与发射体之间形成气体击穿,因此阴极顶的逸出功要小,易于起弧。目前,空心阴极顶材料的选择主要有钨、铈钨、钍钨、石墨等。铈钨一般用在小发射电流空心阴极,大发射电流阴极一般使用氧化钇-钨(Y_2O_3 – W)或纯钨电极。纯钨逸出功较大,因而起弧性能差,但它具有更低的溅射产额,耐溅射能力强。钍钨和铈钨具有较低的功函数,容易起弧。

3. 阴极管材料选择

阴极管内部产生高密度等离子体,要求其耐高温(约1 700℃)、低热导率。工质气体与阴极管材料之间如果存在高温化学反应,会降低阴极管的使用寿命。目前,常用的阴极管材料有钽、钼铼合金和高纯石墨三种。

钽属于难熔金属,具有熔点高、蒸气压低的特点,同时易于机械加工和焊接,但钽用于阴极管材料时易发生氧化现象,导致阴极管强度变差甚至断裂,影响空心阴极的长寿命和高可靠性。因此,钽阴极管对工质气体纯度有较高要求。

钼铼合金具有高的抗拉强度和较好的延展性以及较高的电阻率,能够满足空心阴极耐温及导热性能要求。钼铼合金有很好的抗氧化性,钼铼合金即便吸收氧气发生氧化反应,也不会对晶界造成影响。

高纯石墨具有导电性好和耐高温、耐溅射的突出优点,是制造长寿命空心阴极触持极和阴极管的理想材料。高纯石墨还具有膨胀系数小、热稳定性良好、抗氧化的特点,高纯石墨在惰性气体氛围中发生氧化反应的温度在3 500℃以上。其主要缺点是机械强度差、易破裂、可焊接性差。

4. 触持极材料

触持极工作温度与阴极顶工作温度接近,也必须满足耐高温、耐离子轰击能力强的要求,通常选用材料为石墨和钼。钼是属于耐高温难熔性稀有金属,其熔点高、强度大、硬度高、耐磨性和导热、导电性好,钼合金膨胀系数小、耐刻蚀性能好。钼及钼合金的低温脆性和高温抗氧化能力差。

8.2.2 空心阴极结构参数设计

空心阴极关键零件为发射体和阴极管,其几何结构参数主要取决于发射电流的性能要求并综合考虑力学强度、工作温度、工作气压等需求。

1. 发射体几何参数设计

发射体几何参数包括发射体内径 D、厚度 h 及发射体长度 L,如图 8-2 所示。

式中,L 的半经验计算公式[7]为

$$L = 2D \qquad (8-1)$$

因此,发射体的有效发射面积 S 为

$$S = 2\pi D^2 \qquad (8-2)$$

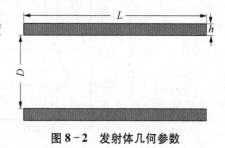

图 8-2 发射体几何参数

空心阴极放电电流 I_d 由发射体表面发射的热电子电流 I_{ce} 和气体电离产生的电子电流组成[8],其中,

$$I_{ce} \approx 0.7 I_d \qquad (8-3)$$

在 S 确定的情况下，I_e 由发射体的发射电子电流密度 J_e 决定：

$$I_{ce} = J_e S \tag{8-4}$$

以上诸式可以确定发射体内径：

$$D \approx \sqrt{\frac{0.7 I_d}{2\pi J_e}} \tag{8-5}$$

发射体厚度 h 是发射体内径 D 和蒸发损耗寿命 t 的函数：

$$h \approx a\{d\exp[4I_{ce}/(\pi D^2 L)]/b + c\} t \tag{8-6}$$

式中，a、b、c、d 均为常数：$a = 1.25$；$b = 0.10777\ \mathrm{A/mm^2}$；$c = 6.480 \times 10^{-6}\ \mathrm{mm/h}$；$d = 38.166 \times 10^{-6}\ \mathrm{mm/h}$。$L$ 为发射体长度。

在具体设计中，需要知道所选发射体材料在不同工作温度下的 J_e。理论上，J_e 由理查森-杜斯曼（Richardson-Dushman）方程[9]描述：

$$J_e = D_{\mathrm{emitter}} T^2 \exp[-e\phi_{\mathrm{wf}}/(kT)] \tag{8-7}$$

式中，D_{emitter} 为与发射体材料有关的常数；ϕ_{wf} 为发射体材料表面功函数；k 为玻尔兹曼常数；T 为发射体温度。从式（8-7）可以看出，如果发射体材料 J_e 确定，其工作温度也随之确定。图 8-3 为不同温度下发射体材料 J_e 发射电流密度[10]，从图中可以看出，在相同的发射电流密度下，LaB_6 阴极的工作温度比 Ba-W 阴极的工作温度高几百度。

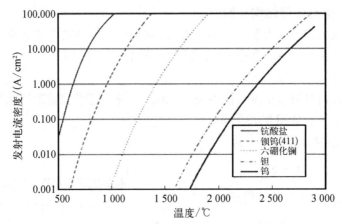

图 8-3　不同温度下发射体材料的发射电流密度[10]

2. 阴极管几何参数设计

阴极管几何参数主要包括阴极管长度 L_{CT} 和阴极顶小孔直径 d_0。其中，L_{CT} 的半经验计算公式为

$$L_{CT} \approx (12 \sim 15)D \tag{8-8}$$

d_0 是空心阴极设计中最关键的参数之一,如图 8-4 所示,d_0 大小取决于空心阴极稳态放电的最大发射电流和阴极内部工作气压。

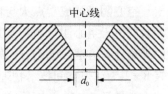

图 8-4　阴极顶小孔直径

阴极管内部气体压力主要由工质流率、放电电流和阴极顶小孔直径决定,可由以下经验公式[11]确定:

$$P_0 = \frac{\dot{m}}{d_0^2}(13.7 + 7.82I_d) \times 133.3 \times 10^{-6} \tag{8-9}$$

式中,P_0 为阴极管内气体压力;$\dot{m}$ 为工质流率(等效电流);d_0 为阴极顶小孔直径;I_d 为放电电流,其中 1 mg/s 气体流量的等效电流约为 1 A。

例如,在空心阴极工作状态下其内部压强大约为 2 660 Pa,发射电流要求为 5 A,气体流量(等效电流)为 100 mA,根据式(8-9)可计算阴极顶小孔直径为 0.5 mm。

8.3　空心阴极供电参数设计

在空心阴极工作时首选启动加热电源,对阴极进行预处理,然后对阴极供气,同时调节加热电流对阴极进行激活。再依次启动触持极电源、阳极电源,最后启动点火电源,点火是在空心阴极触持极顶和阴极顶之间施加脉冲高压,使从阴极顶节流孔出来的电子在脉冲电场作用下加速,并与工质气体原子碰撞,发生气体击穿放电。这种阴极顶和触持极顶之间的放电模式也称为二极管模式。在点火完成后,关闭加热电源和点火电源,空心阴极进入稳态自持放电模式,该放电模式需要在二极管放电模式上增加阳极,引出所需电子,图 8-5 为典型的三极管放电模式,其中,点火极为触持极,阳极为阴极外引入的平板钼片,阴极管为阴极地,所有供电电源负端与阴极地共地,接真空舱壁。加热电源、触持极电源和阳极电源通常为稳流

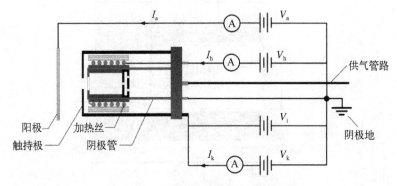

图 8-5　三极管放电模式电路原理图

稳压电源。

空心阴极的成功点火与稳定放电需要对其供电参数进行优化。空心阴极供电参数取决于空心阴极规格及其性能设计参数,尤其是稳态工作参数,目前没有精确的理论计算方法或模型,通常根据实验结果不断优化,才能确定合适的工作参数。表 8-1 为兰州空间技术物理研究所研制的 20 A 空心阴极 LHC-20 在 1×10^{-3} Pa 真空条件及 0.621 mg/s 供气流率下的典型放电参数。

表 8-1　LHC-20 空心阴极典型供电参数

	供 电 参 数	典 型 值	备　注
点火供电参数	加热电压 V_h/V	60.0±2.0	空载
	加热电流 I_h/A	7.5±0.1	恒流
	点火电压 V_i/V	≥300.0	脉冲
	脉冲宽度 τ_i/μs	5 μs	—
稳态工作参数	触持极电压 V_k/V	60.0±2.0	空载
	触持极电流 I_k/A	0.6±0.2	恒流
	阳极电压 V_a/V	60.0±2.0	空载
	阳极电流 I_a/A	20±2.0	恒流

8.4　空心阴极计算分析模型

8.4.1　计算区域

由于发射体区和孔腔区等离子体物理过程有显著差异,故将两个区域分别建模,每个区域根据粒子平衡与能量平衡关系给出控制方程。如图 8-6 所示,计算区域尺寸包括发射体区内径 D 和长度 L、孔腔区内径 d 和长度 l。

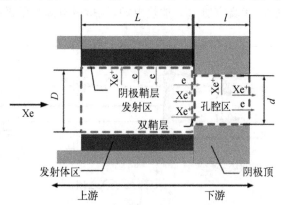

图 8-6　空心阴极关键结构尺寸和模型计算区域

（1）发射体区：等离子体输运主要取决于碰撞过程,可用径向扩散方程描述。平均等离子体参数可由扩散平衡和能量平衡关系求解,发射体温度由电流平衡关系确定。

（2）孔腔区：等离子体密度高于发射体区,离子流动过程会因电荷交换碰撞平均自由程较小而受限,扩散效应占主导,离子输运由扩散方程描述,平均等离子体参数由能量平衡关系确定。

8.4.2　计算分析物理模型

1. 发射体区模型

1）能量平衡方程

发射体区的能量平衡关系[12-15]包括发射体区等离子体能量平衡和发射体能量平衡,其中,发射体区等离子体能量平衡关系为

$$I_{ce}\phi_s + R_{ins} \cdot I_d^2 = I_{i,\,ins}U^+ + \frac{5}{2}T_{eV,\,ins}I_d + (2T_{eV,\,ins} + \phi_s)I_{e,\,r} \qquad (8-10)$$

式中,I_{ce} 为发射电流;ϕ_s 为发射体表面鞘层电压;R_{ins} 为发射体区等离子体电阻;I_d 为放电电流;$I_{i,\,ins}$ 为发射体区离子电流;U^+ 为工质气体的电离电位;$T_{eV,\,ins}$ 为发射体区电子温度;$I_{e,\,r}$ 为从发射体区返回发射体表面的电子电流。由于空心阴极内等离子体密度足够大,激发和辐射能量可由等离子体重新吸收,所以式（8-10）未考虑激发能量和辐射能量。

发射体能量平衡关系为

$$H(T) + I_{ce}\phi_{wf} = I_{i,\,ins}\left(U^+ + \phi_s + \frac{T_{eV}}{2} - \phi_{wf}\right) + (2T_{eV,\,ins} + \phi_{wf})I_{e,\,r}$$

$$(8-11)$$

式中,T 为发射体温度;ϕ_{wf} 为发射体功函数。$H(T)$ 为辐射和传导引起的发射体能量损失。在 $H(T)$ 中辐射散失能量与温度 T 的四次方成正比,传导散失能量与温度 T 的一次方成正比,$H(T)$ 的表达式可由 T 的一元四次多项式方程拟合得到。因空心阴极外侧使用多层隔热材料做了很好的热屏蔽,辐射散失受到抑制,所以 $H(T)$ 表达式中,由热传导决定的一次项起主导作用。在空心阴极发射体工作温度区间之内,用线性拟合的方法得到 $H(T)$ 的表达式。

发射体表面的热发射电流 I_{ce} 由式（8-12）给出:

$$I_{ce} = A \cdot D_{emitter} T^2 \exp[-e\phi_{wf}/(kT)] \qquad (8-12)$$

式中,A 为有效发射面积。经过发射体表面鞘层加速轰击发射体表面的离子电流 $I_{i,\,emitter}$ 由玻姆判据给出:

$$I_{i,\,emitter} = eA \cdot \frac{1}{2} n_{e,\,sheath} \sqrt{\frac{kT_{e,\,ins}}{M}} \qquad (8-13)$$

式中，$n_{e,\,sheath}$ 为鞘层附近等离子体密度；$T_{e,\,ins}$ 为发射区电子的绝对温度；M 为工质原子和离子质量。假设电子温度分布服从麦克斯韦分布，则返回到发射体表面的电子流 $I_{e,\,r}$ 为

$$I_{e,\,r} = eA \cdot n_{e,\,sheath} e^{-\phi_s / T_{eV,\,ins}} \cdot \frac{1}{4} \sqrt{\frac{8kT_{e,\,ins}}{\pi m}} \qquad (8-14)$$

式中，m 为电子质量。

2）电流平衡方程

发射体区带电粒子守恒关系由电流平衡方程给出：

$$I_d = I_{ce} + I_{i,\,emitter} - I_{e,\,r} \qquad (8-15)$$

式中，$I_{i,\,ins}$ 为发射体区产生的离子电流，表达式为

$$I_{i,\,ins} = n_{o,\,ins} n_{e,\,ins} e \langle \sigma_i v_e \rangle_{ins} V_{ins} \qquad (8-16)$$

式中，$n_{o,\,ins}$ 为发射体区中性原子密度；$n_{e,\,ins}$ 为发射体区等离子体密度；$\langle \sigma_i v_e \rangle_{ins}$ 为发射体区电离速率系数，是与电离截面面积 σ_i 和电子温度有关的函数；V_{ins} 为发射体区体积。

3）扩散平衡方程

发射体区等离子体输运过程中碰撞起主导作用，通过求解圆柱形几何区域的径向扩散方程可以得到一个只与电子温度有关的特征方程：

$$\left(\frac{r}{\lambda_{01}}\right)^2 n_{o,\,ins} \sigma_i(T_{e,\,ins}) \sqrt{\frac{8kT_{e,\,ins}}{\pi m}} - D_{ins} = 0 \qquad (8-17)$$

式中，r 为发射体内表面半径；λ_{01} 为零阶贝塞尔函数的初始零点；D_{ins} 为扩散系数。由于电子扩散速度远高于离子，所以双极扩散系数为

$$D_{ins} = \frac{e}{M} \frac{(T_{iV,\,ins} + T_{eV,\,ins})}{\sigma_{CEX,\,ins} n_{o,\,ins} v_{scat}} \qquad (8-18)$$

式中，$T_{iV,\,ins}$ 为发射体区离子温度；$T_{eV,\,ins}$ 为发射体区电子温度，离子的扩散主要由离子与中性气体的电荷交换碰撞决定；σ_{CEX} 为电荷碰撞交换系数；离子散射速度 v_{scat} 由热扩散速度近似。

孔腔区的流阻远大于发射体区，压强梯度大，入口处的压强显著高于出口处，且羽流区为高真空空间，因此可假设出口压强为零。发射体区气体密度 $n_{o,\,ins}$ 可以根据

工质气体流率、节流孔直径、阴极顶温度等参数利用黏滞流流导公式进行计算：

$$Q = \frac{\pi}{16\xi} \frac{r^4}{l} \frac{p^2}{T} T_{\mathrm{m}} = \frac{\pi}{16\xi} \frac{r^4}{l} \frac{p^2}{T_{\mathrm{r}}} \qquad (8-19)$$

$$n_{\mathrm{o,ins}} = 9.65 \times 10^{24} \times \frac{p}{T} \, \mathrm{m}^{-3} \qquad (8-20)$$

式中，ξ 为气体黏性系数；T 为气体温度。在空心阴极工作过程中，孔腔区等离子体密度最为稠密，气体的实际温度会高于节流孔壁面温度，因此对温度参数按式（8-21）进行修正：

$$T_{\mathrm{k}} = \frac{T_{\mathrm{ori}}}{T} = 1 + \frac{n_{\mathrm{e,ins}}}{n_{\mathrm{o,ins}}} \cdot \frac{T_{\mathrm{e,ins}}}{T} \qquad (8-21)$$

2. 孔腔区模型

1）能量平衡方程

孔腔区能量平衡方程为

$$I_{\mathrm{d}}^2 R_{\mathrm{ori}} = \frac{5}{2} I_{\mathrm{d}} \left(\frac{kT_{\mathrm{e,ori}}}{e} - \frac{kT_{\mathrm{e,ins}}}{e} \right) + n_{\mathrm{o,ori}} n_{\mathrm{e,ori}} e \langle \sigma_{\mathrm{i}} v_{\mathrm{e}} \rangle_{\mathrm{ori}} V_{\mathrm{ori}} \cdot U^+ \qquad (8-22)$$

式中，R_{ori} 为孔腔区等离子体电阻；$T_{\mathrm{e,ori}}$ 为孔腔区电子绝对温度；$n_{\mathrm{o,ori}}$ 为孔腔区中性气体密度；$n_{\mathrm{e,ori}}$ 为孔腔区等离子体密度；$\langle \sigma_{\mathrm{i}} v_{\mathrm{e}} \rangle_{\mathrm{ori}}$ 为孔腔区电离速率系数；V_{ori} 为孔腔区体积。

2）扩散平衡方程

孔腔区依然是径向扩散主导等离子扩散过程，该过程中的特征方程为

$$\left(\frac{r}{\lambda_{01}} \right)^2 n_{\mathrm{o,ori}} \sigma_{\mathrm{i}} (T_{\mathrm{e,ori}}) \sqrt{\frac{8kT_{\mathrm{e,ori}}}{\pi m}} - D_{\mathrm{ori}} = 0 \qquad (8-23)$$

式中，r 为节流孔半径。在孔腔区扩散方程求解中，依然需要求解孔腔区中性气体密度。考虑到孔腔区流阻较大，压强从入口到出口基本是随节流孔长度线性下降的，以节流孔中点的压强作为平均压强，计算方法与发射体区方法类似。

8.4.3 模型求解

模型求解从发射体区开始，将发射体内径 D 和长度 L、节流孔半径 r 和长度 l、功函数 ϕ_{wf} 和 D_{emitter}、温度与散热功率之间的函数 $H(T)$、工质流率 Q、放电电流 I_{d} 作为输入条件，采用计算机迭代求解发射体区参数：发射体区电子温度 $T_{\mathrm{eV,ins}}$、发射体区等离子体密度 $n_{\mathrm{e,ins}}$、中性原子密度 $n_{\mathrm{o,ins}}$、阴极鞘层边界等离子密度 $n_{\mathrm{e,sheath}}$、鞘层电势差 ϕ_{s}、发射体温度 T。

根据发射体区能量平衡和电流平衡关系可得

$$\frac{R_{\text{ins}}I_d^2 + I_d\left(\phi_s + \frac{5}{2}T_{\text{eV, ins}}\right)}{H(T) + I_d\phi_{\text{wf}}} = \frac{U^+ + \phi_s + 2T_{\text{eV, ins}}\left(\dfrac{2m_i}{\pi m_e}\right)e^{-\phi_s/T_{\text{eV, ins}}}}{U^+ + \phi_s + \dfrac{T_{\text{eV, ins}}}{2} + 2T_{\text{eV, ins}}\left(\dfrac{2m_i}{\pi m_e}\right)e^{-\phi_s/T_{\text{eV, ins}}}}$$

$$(8-24)$$

多数情况下：$T_{\text{eV, ins}}/2 \ll (U^+ + \phi_s)$，式(8-24)进一步简化得到鞘层电压：

$$\phi_s = \frac{H(T)}{I_d} + \frac{5}{2}T_{\text{eV, ins}} + \phi_{\text{wf}} - I_dR_{\text{ins}} \qquad (8-25)$$

将式(8-25)代入式(8-10)，可以用折半查找法求得发射体区等离子体密度 $n_{\text{e, ins}}$，再由式(8-13)和式(8-16)可以求解得到 $n_{\text{e, sheath}}$，利用式(8-25)求解得到 ϕ_s。

孔腔区中性气体密度 $n_{\text{o, ori}}$ 和电子温度 $T_{\text{eV, ori}}$ 求解方法与发射体区类似，采用折半查找法由式(8-22)得到孔腔区等离子体密度 $n_{\text{e, ori}}$，再由式(8-21)迭代计算温度修正系数 T_k。在此基础上，由式(8-12)和式(8-15)迭代计算发射体温度 T。

最后，根据式(8-26)计算总电压降：

$$U = U_{\text{ins}} + U_{\text{ori}} = (\phi_s + I_dR_{\text{ins}}) + I_dR_{\text{ori}} \qquad (8-26)$$

8.5 空心阴极热设计

8.5.1 加热器结构及传热路径设计

加热器由加热丝、陶瓷骨架及陶瓷外套组成，如图8-7所示。加热丝要求熔点及再结晶温度高、强度好、冷态电阻率与热态电阻率的差异小，目前主要采用钽（Ta）和铼钨（WRe₂₆）两种材料。Ta 的延伸率大，更容易成型。但是 Ta 的拉伸强度小、再结晶温度低，这导致 Ta 抗外力破坏能力差，因此 Ta 加热丝只适用于铠装加热器或烧结式加热器。在这些加热器中，铠装套或陶瓷烧结层可以对 Ta 加热丝提供良好的支撑。WRe₂₆ 具有再结晶温度高、强度好、冷态电阻率与高温电阻率差异小的优点，其缺点是延伸率相对较低、因而塑性较差，导致加热丝成型难度增加。基于上述两种材料各自的特

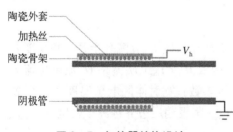

图8-7 加热器结构设计

点,在烧结式加热器中采用 Ta 加热丝,以利用其便于绕制的特点;在组装式加热器中采用 WRe$_{26}$,以利用其强度大的特点。

空心阴极工作模式包括点火前的预热模式和自持放电的稳态工作模式。在预热模式下,加热丝的热功耗传输路径如图 8-8 所示。

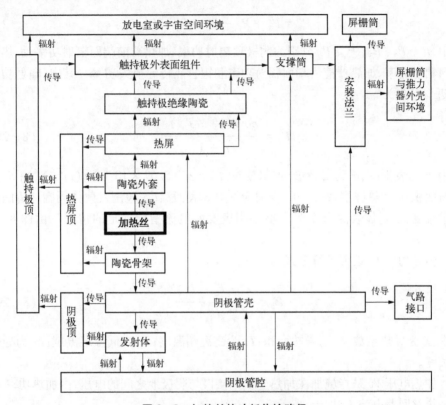

图 8-8 加热丝热功耗传输路径

从图 8-8 可以看出,在空心阴极内部,与热源或次热源接触的零件之间热量通过传导进行传输,与热源或次热源非接触的零件之间热量传递以辐射进行传输。加热丝附近的工作温度最高,故陶瓷外套和陶瓷骨架应考虑选用耐高温且具有好的热传导能力的绝缘陶瓷。

为了让加热丝更多的热量传导给发射体,就要求传导给热屏、热屏顶、阴极顶和阴极管壳的热量尽可能的少。在触持极管内壁嵌入多层筒状钽箔,称为热屏,主要作用是屏蔽加热器的径向散热,如图 8-9 所示。热屏减少了加热丝功率向阴极顶和阴极管的热量传输,提高了加热效率。

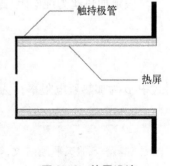

图 8-9 热屏设计

8.5.2　加热丝供电参数设计

加热丝供电参数主要指加热功率和加热电压。加热功率 P_h 是指加热丝将发射体加热至发射热电子电流所需的功率。对图 8-8 热传输路径进行简化，P_h 可以简化[16]为

$$P_h = P_1 + P_2 + P_3 + P_4 + P_5 \qquad (8-27)$$

式中，P_1、P_2、P_3、P_4、P_5 分别为阴极顶辐射功率、加热器前端面辐射功率、加热器径向辐射功率、加热器前后端面辐射功率和钽管热传导损失功率。其中，辐射功率 P_r 近似计算为

$$P_r = \frac{\varepsilon \sigma S_r (T^4 - T_0^4)}{n + 1} \qquad (8-28)$$

式中，ε 为发射率；σ 为斯特藩-玻尔兹曼常数，$\sigma = 5.67 \times 10^{-8}\ \mathrm{W/(m^2 \cdot K^4)}$；$S_r$ 为辐射面积；n 为热屏层数；T、T_0 分别为发射体表面温度、包围发射体周围环境的热力学温度，发射体表面温度 T 在空心阴极发射电流指标确定的情况下由图 8-3 确定。

传导功率 P_t 近似计算公式为

$$P_t = \frac{\lambda S_t (T_2 - T_1)}{L_1} \qquad (8-29)$$

式中，λ 为导热系数；S_t 为导热面积；T_2 为高温端温度；T_1 为低温端温度；L_1 为导热件长度。

加热电压 V_h 是指施加在加热丝供电接口与阴极地之间的电压，由加热功率 P_h 和加热丝回路电流 I_f 决定：

$$V_h = \frac{P_h}{I_f} \qquad (8-30)$$

假定加热丝为纯电阻，则 I_f 由焦耳定律决定：

$$I_f = \sqrt{\frac{P_h \pi r^2}{\rho l}} \qquad (8-31)$$

式中，ρ 为加热丝电阻率；l 为加热丝有效长度；r 为加热丝半径。

-------- 参考文献 --------

[1]　李得天,张天平,张伟文,等.空间电推进测试与评价技术[M].北京:北京理工大学出版社,2018: 170-172.

[2]　林祖伦,王晓菊.阴极电子学[M].北京:国防工业出版社,2013:89－94.

[3]　郭宁,顾佐,邱家稳,等.空心阴极在空间技术中的应用[J].真空,2005,42(5):32－35.

[4]　贾艳辉,张天平.空间用六硼化镧空心阴极最新研究进展及发展趋势[J].真空科学与技术学报,2016,36(6):690－696.

[5]　张天平,唐福俊,田华兵.国外电推进系统空心阴极技术[J].上海航天,2008,(1):39－44.

[6]　Goebel D M, Ktz I. Fundamentals of electric propulsion: ion and hall thruster [M]. La Canada Flintridge: Jet Propulsion Laboratory, 2008: 243－250.

[7]　Siegfried D E, Wilbur P J. Amodel mercury orificed hollow cathodes: theory and experiment [J]. AIAA Journal, 1984, 22(10): 1405.

[8]　张世良,胡永年.离子镀膜用长寿命阴极电子枪[J].真空与低温,1991,10(3):25~27.

[9]　Richardson O W. Electron theory of matter [J]. Philips Magazine, 1912, 23: 594－627.

[10]　Goebel D M, Watkins R M, Jameson K K. LaB_6 hollow cathodes for ion and hall thrusters [J]. Journal of Propulsion and Power, 2007, 23(3): 552－558.

[11]　Siegfried D E. A Phenomenological model for orificed hollow cathode [R], NASA, 1982, CR－168026.

[12]　谷增杰,郭宁,贾艳辉,等.离子推力器空心阴极放电模型研究进展[J].真空与低温,2016,22(6):324－328.

[13]　谷增杰,郭宁,贾艳辉,等.离子推力器空心阴极分区均布模型研究[J].推进技术,2017,30(8):1900－1905.

[14]　Christopher J. Wordingham, Pierre-Yves C. R. Taunay, et al. A critical review of orificed hollow cathode modeling: 0－D models [C]. Atlanta: 53rd AIAA/SAE/ASEE Joint Propulsion Conference, 2017.

[15]　Katz I, Anderson J R, Polk J E, et al. One-dimensional hollow cathode model [J]. Journal of Propulsion and Power, 2003, 19(4): 595－600.

第9章
离子推力器长寿命技术

9.1 离子推力器长寿命主要约束

9.1.1 加速栅极电子反流失效

为了保持离子推力器电中性,在加速栅极下游带正电的离子束流需要被中和器发射的电子中和。在正常情况下,加速栅极的负电位会在加速栅极孔中心附近形成势阱,势阱的存在阻止了中和器电子反流到放电室中。在推力器运行过程中,随着交换电荷离子对加速栅极孔壁不断溅射腐蚀,使得加速栅极孔径变大,孔中心阻止电子反流的势阱相应会降低。当电子向上游运动的动能超过孔中心势阱产生的电势能时就会发生电子反流。

加速栅极电子反流失效是指减速栅[1]孔壁磨损并在正常工况下发生电子反流,导致推力器无法正常工作而寿命终结。

9.1.2 加速栅极结构失效

在加速栅极下游产生的电荷交换离子会被加速栅极负压吸引回来。这些被吸引回来的 CEX(charge exchange)离子会对加速栅极下游表面产生溅射腐蚀作用[2],累积形成特有的"坑槽"(pit-groove)腐蚀图案[3-6]。图 9-1 为美国 NSTAR 离

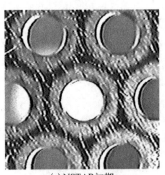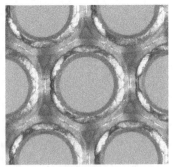

(a) NSTAR初期   (b) 累计30 352 h

图 9-1 加速栅极"坑槽"腐蚀照片

子推力器工作 30 352 h 后加速栅极的"坑槽"腐蚀照片,可见在三孔之间的"坑槽"已经穿透。

加速栅极结构失效是指"坑槽"腐蚀最终产生加速栅极结构失稳或结构破坏(包括脱落、断裂等),导致加速栅极正常工作性能丧失和推力器寿命终结。

9.2　栅极组件长寿命设计分析

9.2.1　电子反流失效工作寿命设计分析

对于电子反流失效,常用模型为等离子体粒子模拟中的 PIC 对栅极组件离子引出过程进行模拟。交换电荷离子的产生利用 MCC 方法进行计算,产生交换电荷离子后电荷离子与主束流离子相同,参与到 PIC 计算中。

电子反流对寿命的影响主要是由栅极孔壁的溅射腐蚀造成的,栅极孔具有轴对称性,因此选择二维区域就可以表征三维问题[7,8]。计算区域的选取法则如图 9-2 所示,左边为栅极组件俯视示意图,中间为栅极组件的剖面图,黑色部分代表栅极,右侧为选择的二维计算区域。栅极孔具有轴对称性,因此选取一个孔的中心线作为计算区域的边界,计算区域垂直方向上的大小取为两相邻栅极孔中心间距的 1/2,计算区域的左边界位于屏栅极上游放电室内,右边界位于加速栅极的下游区域。

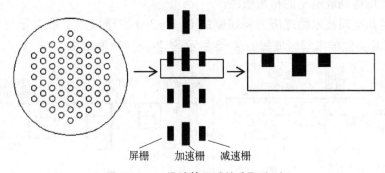

屏栅　　加速栅　　减速栅

图 9-2　二维计算区域的选取法则

左边界位置的选取至关重要,屏栅极至计算区域左边界为放电室等离子体区域,由于在等离子体和栅极组件之间会形成等离子体鞘层,该鞘层的厚度主要取决于放电室等离子体参数,大致为放电室等离子体德拜长度的数十倍。计算区域左边界选取的原则是:至少要把整个等离子体鞘层包含在计算区域中。其原因为左边界不仅是电场计算边界,还是工质气体离子的入射面,程序运行的每个时间步长都有一定数量的离子进入计算区域,如果将左边界设置在等离子体鞘层位置,那么在给定入射离子初始速度时就可以直接应用玻姆准则[9,10],入射离子进入计算区域的轴向速度遵从玻姆速度。计算区域左边界在保证整个等离子体鞘层包含在其中时,其选择也不宜过长,因为过度延长本区域长度对计算结果没有影响,反而会增加计算量[11,12]。

当采用 PIC - MCC 方法研究时,首先需获得上游等离子体密度分布,因此可对推力器放电室建立流体计算模型,专用于栅极组件上游等离子体密度的模拟。流体模型可采用 COMSOL 商业软件,对于关键参数则使用数值计算进行求解。流体模型的主方程组包括流场方程、电场方程、磁场方程、漂移扩散方程等。

$$\Gamma_e = - (\mu_e \cdot E) n_e - D_e \cdot \nabla n_e$$

$$\frac{\partial n_\varepsilon}{\partial t} + \nabla \Gamma_\varepsilon + E \cdot \Gamma_e = S_{en} - (u \cdot \nabla) n_\varepsilon \qquad (9-1)$$

$$E = - \nabla V$$

式中,Γ_e 为栅极加速区的电子通量;E 为自洽电场强度;μ_e 为电子迁移率,其表述形式为 $\mu_e = e/[m\nu(1 + \Omega_e^2)]$,其中,$\nu$ 为由电子温度决定的粒子间碰撞频率,Ω_e 为霍尔修正系数,可表述为 $\Omega_e = eB/(m\nu)$,B 为磁感应强度;D_e 为电子扩散系数,其与电子迁移率存在爱因斯坦(Einstein)关系;S_{en} 为粒子碰撞能量损失,其中激发碰撞和电离碰撞的能量损失分别为 8.31 eV 和 12.13 eV,弹性碰撞则不损失能量;n_ε 为电子能量密度,Γ_ε 为电子能量通量,其与 μ_e、n_e、T_e 以及电子产生率 R_e 存在关系。由此可得到放电室的初始条件。

以兰州空间技术物理研究所研制的 Lzps - 300 三栅极离子推力器为例,采用 PIC - MCC 方法的求解区域如图 9 - 3 所示,边界条件设置如表 9 - 1 所示。

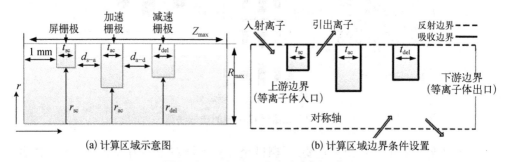

(a) 计算区域示意图   (b) 计算区域边界条件设置

图 9 - 3   PIC - MCC 方法求解区域

表 9 - 1   PIC - MCC 方法边界条件设置

参　数	数　值	参　数	数　值
r_{sc}/mm	0.95	V_p/V	37
r_{ac}/mm	0.55	T_i/K	600

参　数	数　值	参　数	数　值
t_{sc}/mm	0.40	T_{eu}/eV	4.5
t_{ac}/mm	0.50	T_{ed}/eV	1.50
d_{s-a}/mm	1	N_m/m^{-3}	1×10^{18}
r_{del}/mm	0.65	V_{sc}/V	1 200
t_{del}/mm	0.5	d_{a-d}/mm	0.9
V_{acc}/V	-400	V_{del}/V	0

图 9-3 中 r_{sc}、r_{ac} 和 r_{del} 分别为屏栅极、加速栅极和减速栅极的栅极孔半径；t_{sc}、t_{ac} 和 t_{del} 分别为屏栅极、加速栅极和减速栅极厚度；d_{s-a} 为屏栅极与加速栅极间距；d_{a-d} 为加速栅极与减速栅极间距；V_{acc}、V_{sc} 和 V_{del} 分别为加速栅极、屏栅极及减速栅极电压；N_m 为栅极上游的最大离子密度；T_i 为离子温度（近似认为离子温度与放电室温度一致）；V_p 为等离子体电势；T_{eu} 为栅极上游区域电子温度（该区域电子主要由主阴极发射以及放电室电离产生）；T_{ed} 为栅极下游区域电子温度（该区域电子主要由中和器发射以及羽流区电离产生）。

电势根据泊松方程求解，而离子运动方程根据牛顿-洛伦兹定理进行求解，并且在实际求解过程中，忽略栅极加速区域的磁场影响。电子密度分布根据玻尔兹曼（Boltzmann）方程进行求解。在碰撞模型中，引入离子与原子的弹性碰撞以及粒子间的电荷交换碰撞，对于碰撞概率 P 可表示为如式（9-2）所示。

$$P = 1 - \exp(-n_t v_{inc} \sigma_t \Delta t) \tag{9-2}$$

式中，n_t 为带电粒子密度；v_{inc} 为带电粒子相对速度；Δt 为时间步长；σ_t 为碰撞截面[13-16]（与电子温度紧密相关）。

对于栅极上游待进入加速计算区域的离子数可根据柴尔德-朗缪尔（Child-Langmuir）定律确定。进入栅极加速区域的离子初始速度设置为玻姆速度。离子初始位置 z 方向（轴向方向）位置为 0，径向方向，即 r 方向的位置取随机数，并假设离子入射角度为半圆形发射面，因此离子进入加速计算区域的 r 方向初始位置为 $r_0 = R\sqrt{ran}$。其中，R 为计算区域高度；ran 为随机数（一般在 0～1 内取值）。根据表 9-1 所列三栅极关键工作参数，以及仿真模拟和试验测试得到的推力器处于工作状态下的 d_{s-a}、d_{a-d} 和 N_m 三个参量，采用 PIC-MCC 方法分别得到多模式离子推力器在 3 kW 以及 5 kW 额定状态下的离子束流引出特性，如图 9-4 所示。

根据图 9-4 所示采用 PIC-MCC 方法计算得到的单个栅极孔的离子密度，并结合不同栅极孔的结构尺寸、栅极孔溅射产额以及下游中性原子密度，可确定三栅

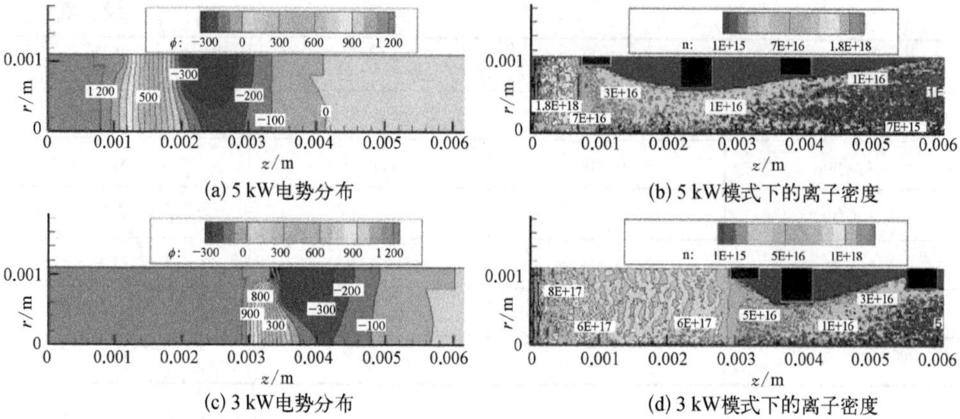

图中各子图：

(a) 5 kW电势分布

(b) 5 kW模式下的离子密度

(c) 3 kW电势分布

(d) 3 kW模式下的离子密度

图 9-4   3 kW 及 5 kW 额定状态下的离子束流引出特性

极组件的离子溅射腐蚀速率,加速栅极孔的离子溅射率可表述为

$$\dot{n}_{sp} = I_{del} n_d \sigma_t d_{a-d} Y / (e f_b) \tag{9-3}$$

式中, I_{del} 为单孔离子电流; n_d 为加速栅极下游的中性原子密度; d_{a-d} 为栅极间距; f_b 为束流平直度; Y 为离子溅射产额[17-19],可根据离子能量与溅射产额的关系曲线得到。例如,Brophy 等[16]给出的公式如下:

当离子能量大于 1 000 eV 时,溅射产额可表述(变量 x 为离子入射能量)为

$$Y = -5.559 \times 10^{-8} x^2 + 1.090 \times 10^{-3} x + 0.477\,8 \tag{9-4}$$

当离子能量小于 1 000 eV 时,溅射产额可表述为

$$Y = -7.297 \times 10^{-7} x^2 + 2.515 \times 10^{-3} x - 0.186\,6 \tag{9-5}$$

式(9-5)得到的加速栅极离子溅射率 $\dot{n}_{sp}$ 的单位为每秒溅射出的 Mo 原子个数,考虑 Mo 原子质量,则可以得到加速栅极的质量溅射速率。考虑上游离子密度以及假设所有沉积离子均为一价离子,则可计算得到额定状态下的加速栅极的溅射速率,从而根据栅极孔最大可溅射质量以及质量溅射速率预估其寿命。

9.2.2   栅极结构失效工作寿命设计分析

为了预估栅极组件尤其是加速栅极的结构失效工作寿命,首先需确定加速栅极的寿命模型。加速栅极寿命仿真物理模型的主要参数为最大可刻蚀质量及刻蚀速率,并将栅极单孔近似为圆孔以便于进行寿命预估。其中,最大可刻蚀质量寿命预估方法为当栅极孔发生"断筋"现象,且"断筋"的标准为当栅极孔的溅射腐蚀程度达到原始孔径的 90%,即发生栅极结构失效时,认为寿命终结。

忽略前期非线性阶段,假设栅极孔的孔径溅射腐蚀在推力器全寿命周期内为均匀腐蚀,且所有的溅射腐蚀方向均沿径向,最大可溅射腐蚀质量可根据图 9-5 中所示栅极孔的结构等效来进行预估。S_1 及 S_2 分别为内孔圆面积及外孔圆面积,单孔最大可溅射腐蚀质量可表述为

$$M_S = \rho h_t (S_2 - S_1) \qquad (9-6)$$

式中,M_S 为最大可溅射腐蚀质量;ρ 为材料密度(Mo 为 10.2×10^3 kg/m);h_t 为孔壁厚度。通过计算可得到加速栅极孔和减速栅极孔的最大可溅射腐蚀质量[20]。

图 9-5　栅极圆孔的等效

对于刻蚀速率,加速栅极的结构失效主要是由 CEX 离子的溅射作用造成的。因此,对于 CEX 离子造成的栅极腐蚀效应影响,可通过半经验公式法获得 CEX 离子刻蚀速率。半经验公式法,即首先计算离子束内产生的电荷交换离子的数量,然后根据 CEX 离子撞击加速栅极的具体部位,确定被离子溅射材料的腐蚀速率[21,22]。

单个小孔的离子束形成的电荷交换电流 I_{CEX} 的计算公式为

$$I_{CEX} = I_{b-ape} n_0 \sigma_{CEX} l_d \qquad (9-7)$$

式中,I_{b-ape} 和 I_{CEX} 分别为单个加速栅极孔引出的束流及电荷交换电流;n_0 为加速栅极下游中性 Xe 原子密度;σ_{CEX} 为电荷交换碰撞截面;l_d 为加速栅极下游区域 CEX 离子向加速栅极反流的有效距离。首先假设中性气体密度在加速栅极孔内恒定不变,而气体在加速栅极下游扩散过程中逐渐降低。其次假设加速栅极电流完全是由电荷交换碰撞造成的,且电荷交换碰撞的有效路径长度比屏栅极和加速栅极之间的间距大得多,则可以根据加速栅极直径、逸出推力器的中性气体流量、推力器离子束电流来估算平均中性气体密度[23-24]。加速栅极下游的中性气体密度 n_0 等于

$$n_0 = \Gamma_0 / (v_0 \pi r_g^2) \qquad (9-8)$$

式中,Γ_0 为从放电室逸出的未参与放电的中性原子通量;v_0 为 Xe 原子速度;r_g 为加速栅半径。因此,可根据加速栅极下游的中性气体密度 n_0 计算得到有效路径长度,即 l_d。对于加速栅极上游气体密度 n_d,可以通过下游气体密度除以加速栅极开口区域比率获得,加速栅极上游气体密度可表述为

$$n_\mathrm{d} = \Gamma_0 / (f_\mathrm{a} \eta_\mathrm{c} v_0 \pi r_\mathrm{g}^2) \qquad (9-9)$$

式中，f_a 为加速栅极开孔比率；η_c 为克劳辛（Clausing）因子，进一步计算加速栅极小孔数量，其中加速栅极小孔数量近似等于开口区总面积除以每个小孔的面积，而平均每个小孔引出的离子电流近似等于总离子束电流除以小孔数量。由于栅极中心附近的小孔引出的离子电流密度最大，并且电离室内等离子体分布不均，由栅极中心到壁面能够引出的离子电流逐渐减小[7,8]。因此，中心孔引出的最大小孔电流 $I_\mathrm{ape}^\mathrm{max}$ 可通过离子束平面度 f_b 来计算，并由此可以得到中心小孔的电荷交换离子流 I_CEX 为

$$I_\mathrm{CEX} = I_\mathrm{ape}^\mathrm{max} n_0 \sigma_\mathrm{CEX} l_\mathrm{g} \qquad (9-10)$$

式中，l_g 为栅极间距。最后考虑轰击至加速栅极的电荷交换离子所具有离子束电势能（可按屏栅电压的 1/3 估算）。因此，可以通过材料溅射率来计算栅极小孔的体积腐蚀率 $\dot{V}_\mathrm{ape}$，即

$$\dot{V}_\mathrm{ape} = I_\mathrm{CEX} Y / e (\rho_\mathrm{Mo} / M_\mathrm{Mo}) \qquad (9-11)$$

式中，Y 为材料溅射系数。因此，结合上述公式可以得到加速栅极的结构失效腐蚀溅射率，并以此推测加速栅极的寿命。

9.2.3　多工作模式对栅极组件寿命影响的设计分析

对于不同工作模式对推力器栅极组件的寿命影响，以栅极组件处于正常聚焦为前提，因为影响栅极正常溅射速率的主要是 CEX 离子密度及分布情况。因此，需首先对不同工况下的 CEX 离子密度进行计算。以兰州空间技术物理研究所研制的 30 cm 口径离子推力器双模式为例，分别对 3 kW 和 5 kW 两种工况下的溅射速率进行建模和计算，即通过两种工况下的正常溅射速率来估算栅极的设计寿命。

仿真采用 PIC‐MCC 方法，仿真中为了准确获得 CEX 离子数量及分布，需要对每种工作模式中的原子密度进行估算。其中，栅极出口端面原子密度满足如下公式：

$$n_0 = \frac{\dot{m}(1 - \eta_\mathrm{m})}{M_\mathrm{Mo} v_0 \pi r_\mathrm{g}^2} \qquad (9-12)$$

式中，$\dot{m}$ 为工质气体流量；η_m 为工质利用效率。

栅极之间的原子密度满足

$$n_{01} = \frac{\dot{m}(1 - \eta)}{M_\mathrm{Mo} v_0 \pi r_\mathrm{g}^2} \frac{1}{f_\mathrm{a} \eta_\mathrm{c}} \qquad (9-13)$$

结合 LIPS - 300 离子推力器参数,计算可得到仿真输入条件如表 9 - 2 所示。

表 9 - 2　工作模式仿真输入条件

工作模式	n_0(加速栅极下游)/m^{-3}	n_{01}(两栅极之间)/m^{-3}	阳极电压/V	屏栅极电压/V	加速栅极电压/V
3 kW	$1.4×10^{17}$	$8.75×10^{17}$	32	1 415	−220
5 kW	$3.36×10^{17}$	$2.1×10^{18}$	30.5	1 165	−400

两栅极之间的原子密度将高于加速栅极下游的原子密度,因为束流中的原子主要来自放电室内未电离原子,这些原子以热运动从放电室向栅极流出,栅极开孔率以及栅极孔存在克劳辛系数,使得原子密度沿着轴向逐渐减小。

图 9 - 6 为栅极束流引出过程中的典型 CEX 离子密度分布。从图 9 - 6 可以看出,CEX 离子主要分布在放电室出口(屏栅极上游)和加速栅极的下游。CEX 离子分布与束流原子密度分布是一致的。另外,通过对比发现,随着离子推力器功率增大(3 kW 增大到 5 kW),相同空间位置的 CEX 离子密度逐渐增大,这主要是因为大功率模式下阳极供气增大导致空间原子密度增加[25]。

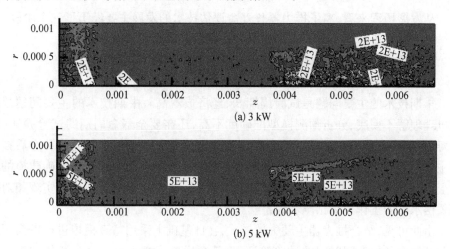

(a) 3 kW

(b) 5 kW

图 9 - 6　典型 CEX 离子密度分布

采用仿真程序对 LIPS - 300 离子推力器正常聚焦、不同工作模式下的加速栅极质量溅射速率、减速栅极质量溅射速率分别进行计算。计算结果如表 9 - 3 所示。

表 9 - 3　不同模式下的仿真计算

工作模式	加速栅极质量溅射速率/(kg/s)	减速栅极质量溅射速率/(kg/s)
3 kW	$1.1×10^{-15}$	$1.22×10^{-17}$
5 kW	$1.7×10^{-15}$	$1.26×10^{-17}$

进一步对正常聚焦下栅极组件质量溅射速率分析,可以得到如下结论:

(1) 正常聚焦下,加速栅极溅射速率远大于减速栅极溅射速率(约 100 倍)。分析认为,加速栅极为-220~-400 V,而减速栅极为零电位,相比而言加速栅极更容易吸引 CEX 离子轰击,同时对 CEX 离子产生加速效果,这使得 CEX 离子入射能量显著增加,进而导致加速栅极的溅射速率远大于减速栅极。

(2) 正常聚焦下,加速栅极溅射速率随着推力器功率增大而呈现缓慢增大趋势。推力器功率从 3 kW 增大到 5 kW,加速栅极溅射速率从 1.1×10^{-15} kg/s 增大到 1.7×10^{-15} kg/s,增大约 1.54 倍。分析认为,这主要是因为随着功率增加,使得栅极间 CEX 离子密度增加。

(3) 正常聚焦下,减速栅极溅射速率随着推力器功率增大变化较小(几乎相近)。这是因为减速栅极为零电位,CEX 离子能量一般较低(通常低于减速栅极材料的溅射阈值),使得大量 CEX 离子对减速栅极无法造成有效溅射。

9.3   离子推力器寿命评估技术

从发展历程来看,离子推力器长寿命评估技术的发展主要经历了三个阶段:

(1) 以试验验证为主要手段的早期技术发展阶段;

(2) 磨损机理研究和试验验证有机结合的中期技术发展阶段;

(3) 基于磨损模型分析预测为主的当前和今后技术发展阶段。

早期技术的主要问题是试验周期长、经济成本高。中期技术的主要问题是磨损机理理解不彻底、分析预测模型准确度不高,还需要全寿命周期的试验验证(随着寿命提高,成本周期过高),对可靠性量化评价研究明显不足。当前和今后技术的主要优势在于:基于对离子推力器磨损性能失效机理深刻理解和准确建模的基础上,不仅可以大量节省试验周期和成本,而且可以在较少试验子样下实现相对较高置信水平的工作寿命预测和评价。

由此可见,结合推力器主要失效模式,在此基础上采用仿真模拟进行寿命预测以及开展小子样有限时间的试验验证,将是今后离子推力器长寿命评估的主要技术方法。

参考文献

[1]   孙明明,张天平,王亮,等. 30 cm 口径离子推力器栅极组件热应力及热形变计算模拟[J]. 推进技术,2016,37(7): 1393-1400.

[2]   Lichtin D. An overview of electric propulsion activities in US industry [C]. Fort Lauderdale: AIAA 2005-3532, 2005.

[3]   Chien K R, Tighe W, Bond T, et al. An overview of electric propulsion at L-3 communications electron technologies inc [C]. Sacramento: AIAA 2006-4322, 2006.

［4］ Sengupta A, Brophy J, Anderson J, et al. An overview of the results from the 30,000 Hr life test of deep space 1 flight spare ion engine ［C］. Fort Lauderdale：AIAA 2004 – 3608, 2004.

［5］ Noord J. Lifetime assessment of the NEXT ion thruster ［C］. Cincinnati：AIAA 2007 – 5274, 2007.

［6］ Hayashi M. Determination of electron-Xenon total excitation cross-section ［J］. Journal of Physics D：Applied Physics, 1983, 16(1)：581 – 589.

［7］ Bond R, Latham P. Ion thruster extraction grid design and erosion modeling using computer simulation ［C］. San Diego：AIAA 1995 – 2923, 1995.

［8］ Rapp D, Francis W E. Charge exchange between gaseous ions and atoms ［J］. Journal of Chemical Physics, 1962, 37(11)：2631 – 2645.

［9］ Beattie J, Matossian J. High power xenon ion thruster ［C］. Orlando：AIAA 1990 – 2540, 1990.

［10］ Haag T, Soulas G. Performance of 8 cm pyrolytic-graphite ion thruster optics ［C］. Indianapolis：AIAA 2002 – 4335, 2002.

［11］ Soula G, Frandina M. Ion engine grid gap measurement ［C］. Fort Lauderdale Florida：AIAA 2004 – 3961, 2004.

［12］ Wells A, Harrison M. Experimental studies of ion extraction ion loss and energy balance in a SERT II type ion thruster ［C］. Stanford：AIAA 1970 – 1091, 1970.

［13］ Miller J, Pullins S, Levandier D, et al. Xenon charge cross section for electrostatic thruster models ［J］. Journal of Applied Physics, 2002, 91(3)：984 – 991.

［14］ Rapp D, Englander P. Total cross sections for Ionization and attachment in gases by electron impact 1 positive Ionization ［J］. The Journal of Chemical Physics, 1965, 43(5)：1464 – 1479.

［15］ 孙明明,张天平,陈娟娟,等. LIPS – 200 环形会切磁场离子推力器热模型计算分析[J],推进技术,2015,36(8)：1274 – 1280.

［16］ Brophy J, Katz I, Polk J, et al. Numerical simulation of ion thruster accelerator Grid erosion ［R］. AIAA 2002 – 4261, 2002.

［17］ Beattie J. A model for predicting the wearout lifetime of the LeRC/Hughes 30 cm mercury ion thruster ［C］. Princeton：AIAA 1979 – 2079, 1979.

［18］ Tartz M, Neumann H. Validated ion thruster grid lifetime simulation ［C］. Sacramento：AIAA 2006 – 5001, 2006.

［19］ Noord J, Herman D. Application of the NEXT ion thruster lifetime assessment to thruster throttling ［C］. Hartford：AIAA 2008 – 4526, 2008.

［20］ Funaki I, Makano M, Kajimura Y, et al. A numerical tool for lifetime evaluation of ion thruster's ion optics ［C］. San Diego：AIAA 2011 – 5734, 2011.

［21］ Sun M M,Zhang T P, Wang L, et al. Thermal stress and thermal deformation analysis of grids assembly for 30 cm diameter ion thruster ［J］. Journal of Propulsion Technology, 2016, 37(7)：1393 – 1400.

［22］ Sun M M,Zhang T P, Wu X M. Flow field simulation of 20 cm diameter ion thruster discharge chamber ［J］. High Power Laser and Particle Beams, 2015, 27(5)：054001.

［23］ Goebel D, Katz I. 2008. Fundamentals of electric propulsion：ion and hall thrusters ［J］. JPL

Space Science and Technology Series, 2008: 259 - 260.

[24] Wirz R, Katz I. Plasma processes of DC ion thruster discharge chambers [C]. Tucson: AIAA 3690 - 3695, 2005.

[25] Matossian J, Beattie J. Model for computing volume averaged plasma properties in electron-bombardment ion thruster [J]. Journal of Propulsion and Power, 1989, 5(1): 188 - 196.

第 10 章
离子推力器可靠性技术

10.1 栅极组件的抗力学设计分析

10.1.1 概述

离子推力器栅极组件中的栅极为开孔率较高的薄壁结构,从力学中的均匀化理论可知,栅极薄壁结构的等效弹性模量与栅极开孔率成反比,开孔率越高,其等效弹性模量越低,刚度也就越低,易发生共振、屈曲等力学现象[1]。因此,栅极组件成为离子推力器中的抗力学薄弱结构,需要重点研究其抗振动及在冲击力学环境下的可靠性[2]。在力学可靠性分析中常通过有限元仿真分析与试验相结合的方法,然而由于动力学输入条件的限制,栅极组件的抗力学分析往往需要结合推力器整体的抗力学分析。

由于每个栅极结构上具有多孔且带有一定弧度曲面的特点,采用通用的 CAD 软件几乎无法建立模型。并且由于孔与孔之间的间距过小,在有限元分析中网格划分困难,采用四边形梁单元近似处理会带来结果的较大不准确性。也就是说有限元分析中,对栅极组件直接建立实体模型会导致模型中网格数量过于庞大和复杂,因此首先需要对栅极组件通过均匀化方法进行等效处理,将栅极等效为无孔的圆形薄板。此外,栅极组件通过螺钉与推力器本体连接,并且在开展力学试验时,输入载荷总是先作用于推力器本体再传递到栅极组件,因此需建立推力器的完整简化模型。

10.1.2 栅极组件结构等效处理方法

对离子推力器栅极组件进行结构等效处理,根据等效后的结构建立栅极组件有限元模型,利用有限元软件开展模态分析,进行基频扫描试验以验证结构等效后计算的准确性,最后开展栅极组件的冲击响应分析以获得在外部冲击载荷作用下的栅极组件应力和形变位移。

1. 弹性模量等效及验证

在结构等效的同时,原有材料属性也需要根据结构的变化进行等效处理,首先考虑栅极结构弹性模量的等效。

栅极组件弹性模量的等效分为两步,第一步将栅极等效为平板、无孔结构,验证平板等效的计算合理性,并考虑不同拱高下栅极弹性模量的变化[3]。如图 10-1 所示,将单个栅极孔近似处理为六边形结构,进一步近似为圆环结构,主要考虑的是圆环结构具有良好的对称性。

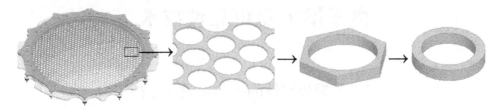

图 10-1   栅极孔结构的等效模型

第二步依据等效模型计算栅极组件 y 方向的等效弹性模量,计算模型如图 10-2 所示。假设施加 y 方向作用力,力的作用点为 A 和 B,其大小为 P,计算得到 A、B 两点之间的相对位移 ΔAB 为

$$\frac{1}{2}\Delta AB = \int_S \frac{F_\phi \partial F_\phi / \partial F_D}{EA} \mathrm{d}S + \int_S \frac{\tilde{M}_\phi \partial \tilde{M}_\phi / \partial \tilde{M}_D}{EI} \mathrm{d}S = \frac{\pi F_D(r+l)}{8EA} \quad (10-1)$$

式中,ΔAB 为 A、B 两点的位移;D 为横截面处位置;F 为截面内力;M 为截面弯矩;S 为截面积;E 为弹性模量;A 和 I 分别为圆环截面面积和惯性矩;ϕ 为角度。

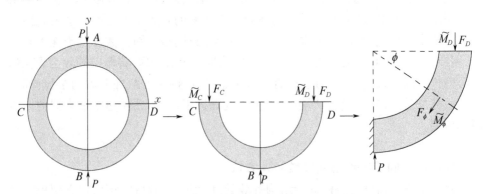

图 10-2   栅极孔结构等效力学性能计算模型

利用应力与应变关系可以得到 y 方向等效弹性模量表达式:

$$E_y = \sigma_y / \varepsilon_y = 8E(l-r)/[\pi(l+r)] \quad (10-2)$$

式中,E_y 为 y 方向等效弹性模量;σ_y 和 ε_y 分别为 y 方向应力和应变。

假设等效模型材料是各项同性的,则栅极的等效弹性模量 E_{eff} 为

$$E_{\text{eff}} = E_x = E_y \qquad (10-3)$$

式中, E_{eff} 为等效弹性模量; E_x 为 x 方向等效弹性模量; E_y 为 y 方向等效弹性模量。

为验证以上等效过程计算结果的准确性,采用 ANSYS 有限元软件进行仿真对比。取加速栅极部分结构作为仿真模型,分别建立有孔平板(采用真实的材料属性,且孔尺寸、厚度与真实栅极组件相同)和无孔平板(采用等效后的材料属性,大小、厚度与有孔结构相同)两个模型,并在两个模型对称方向均施加 10 N 的挤压作用力,得到的形变分析结果如图 10-3 所示。从结果来看,两个模型的形变量差别较小,在计算分析误差可接受范围。

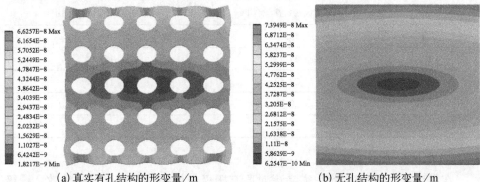

(a) 真实有孔结构的形变量/m　　　(b) 无孔结构的形变量/m

图 10-3　栅极结构等效处理前后的形变对比

2. 拱高对弹性模量的影响

针对栅极拱高对弹性模量的影响,合适的方法是依据材料力学理论进行推导或采用有限元建模进行计算,本节采用有限元建模分析的方法对考虑拱高后的栅极弹性模量进行计算。分别建立拱高为 4 mm、8 mm、12 mm 和 16 mm 的屏栅极及加速栅极模型,并根据材料力学均匀化理论,当结构微观尺寸与结构宏观尺寸比值小于 10^{-2} 量级时,可将材料弹性模量设置为等效后平板的弹性模量 E_{eff}。在栅极对称方向均施加 10 N 作用力,根据有限元模拟得到的应变及应力结果,在结果的正交对称轴方向共取 80 个点,将每个点得到的弹性模量求和并取平均值以得到不同拱高下的栅极弹性模量。图 10-4 为 8 mm 和 12 mm 拱高时栅极组件的形变量。

根据上述有限元分析得到的应变以及应力结果,计算得到的不同拱高下屏栅极和加速栅极的弹性模量如表 10-1 所示。由此可见,栅极组件的弹性模量会随着拱高的增加而减小,当拱高增加到一定程度时,弹性模量趋于稳定。

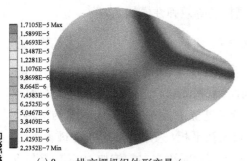
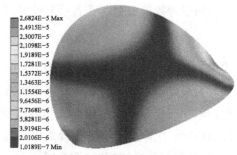

(a) 8 mm拱高栅极组件形变量/m　　　(b) 12 mm拱高栅极组件形变量/m

图 10-4　不同拱高下栅极组件形变量对比

表 10-1　不同拱高下的栅极组件等效弹性模量

拱高	屏栅极杨氏模量/GPa	加速栅极杨氏模量/GPa
平板	59.65	236.80
4 mm	37.42	155.04
8 mm	27.52	113.35
12 mm	20.79	89.43
16 mm	21.02	87.12

3. 结构材料的密度等效

在得到等效弹性模量后,需考虑对原有栅极组件结构的密度进行等效。栅极组件密度等效处理是将栅极组件原有材料密度 ρ,在考虑栅极组件的几何透明度 T_a 后,采用等效密度 ρ_{eff} 来替换,如式(10-4)所示。

$$\rho_{eff} = (1 - T_a)\rho \tag{10-4}$$

根据以上分析,双栅极组件等效后的材料属性如表 10-2 所示。

表 10-2　栅极组件等效后的材料力学特性

部件	材料	几何透明度	等效密度/(kg/m³)	等效杨氏模量/GPa
屏栅极	Mo-01	0.69	2 973.00	20.79
加速栅极	Mo-01	0.27	7 001.00	89.43

10.1.3　栅极组件有限元模型建立方法

基于前述分析,栅极组件可以用拱高确定且无孔的结构,以及表 10-2 所列材料力学属性进行等效。而对于离子推力器本体,由于其结构的复杂性,需进行简化处理。对于标准件的简化,应在其总体数量不变的条件下,对螺钉、螺母、垫片及支撑部位进行适当简化。

在完成标准件的简化后,需对推力器各部件表面进行修复以确保网格的顺利划分。离子推力器各部件材料力学属性如表 10－3 所示。将空心阴极材料统一定为不锈钢,磁体的密度属性进行等效处理,磁体力学属性则按照铝合金(牌号为2A12)设置。最后对简化后有限元模型质量的缺失以点质量(point mass)进行耦合等效。

表 10－3　离子推力器各部件材料力学属性

部　件	等效材料	密度/(kg/m³)	杨氏模量/GPa	泊松比	拉伸屈服强度/MPa
安装环	2A12	2 700	72	0.31	265
磁体	—	4 105	72	0.31	265
极靴	DT4	7 830	81	0.29	170
空心阴极	1Cr18Ni9Ti	7 930	193	0.31	200
标准件	TC－4	4 620	96	0.34	825

推力器模型全部采用四面体和六面体实体单元进行划分,并针对不同部件分别采用不同的单元尺寸和网格划分方法。LIPS－200 离子推力器有限元模型如图 10－5(a)所示,共划分实体单元 28 万左右,其中栅极组件有限元模型如图10－5(b)所示。

(a) LIPS-200离子推力器有限元模型　　　　(b) 栅极组件有限元模型

图 10－5　LIPS－200 离子推力器有限元模型及栅极组件有限元模型

10.1.4　栅极组件螺栓预应力分析方法

在推力器栅极组件的实际装配过程中,标准件都要受到预紧力作用,此预紧力对后续开展模态分析、冲击响应谱分析和谐响应分析均会造成影响,因此需要进行推力器栅极组件的螺栓预紧力分析。

螺栓预紧力与螺帽所受到的扭矩、螺杆直径、螺纹升角及摩擦系数等参数相关。模型所用的螺钉主要是 M3 和 M4 标准钛螺钉,预紧力分别为 2 205 N 和 2 887 N。栅极组件预应力和形变量分析结果如图 10-6 所示。

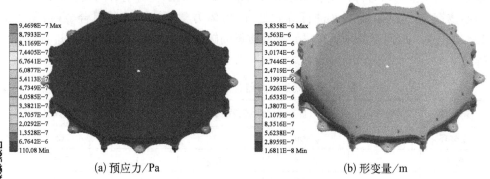

(a) 预应力/Pa　　　　　　　　　　(b) 形变量/m

图 10-6　栅极组件预应力和形变量分析结果

从图 10-6 分析结果来看,栅极组件表面 8 个安装螺钉以及 8 个支撑螺钉处的预应力在 20~33 MPa,形变趋势为螺钉沿栅极几何中心向外的位移。预应力分析结果将作为后续模态及其他抗力学环境分析的初始条件。

10.2　栅极组件的热设计分析

10.2.1　栅极组件温度分布

离子推力器在工作过程中,放电室内等离子体会向栅极辐射能量,屏栅筒的热量会传导至栅极组件,同时栅极引出离子束流的不均匀性,使得栅极组件几何中心处温度较高而边缘温度较低,且温度基本沿径向对称分布[4]。由于工作中的栅极具有较高温度及温度分布特点,在边缘具有约束的条件下,温度引起的热形变位移可能会引起栅极组件出现局部结构屈曲、边缘翘曲等现象,影响栅极组件的工作可靠性。

栅极组件热形变分析一般也采用结构近似等效的方法,将原有栅极拱形且多孔结构近似等效为均匀平板结构,并对栅极的温度分布以及不同约束条件下的热应力和热形变位移进行数值计算或有限元模拟分析,获得能够近似估计栅极热形变位移量的结果,以确认热设计的合理性或提出热设计优化改进建议[5,6]。

离子推力器在工作过程中,仅能测量栅极组件边缘处无束流影响区域的温度。因此,在栅极组件表面温度分布未知的条件下,将栅极结构近似为均匀圆形薄板,其温度分布 $T(t, r)$ 与径向距离 r 之间的关系,可以根据一维热传导方程的基本解来进行温度分布预估。一维热传导方程基本解如式(10-5)所示[7]。

$$T(t, r) = \frac{1}{2k\sqrt{\pi t}}\exp\left(-\frac{r^2}{4k^2 t}\right) \qquad (10-5)$$

式中，$k = \sqrt{\lambda/(c\rho)}$；$\lambda$ 为导热系数；c 为比热容；ρ 为材料密度；t 为时间；r 为径向距离。

若仅考虑达到稳态条件下栅极组件的表面温度分布状态，将 r 方向定为栅极中心温度最高处开始至边缘处（为 $0\sim0.15\,\mathrm{m}$）。根据实验测量结果，栅极组件达到温度平衡后（其温度平衡时间约为 $1\,500\,\mathrm{s}$），其边缘处（非束流引出区）温度在 $380\,℃$ 左右，根据式（$10-5$）得到此时栅极中心最高温度为 $407\,℃$，温度分布曲线如图 $10-7$ 所示。

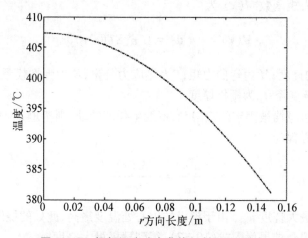

图 10-7　栅极温度分布曲线（时间：1 500 s）

由于基本解形式的复杂性，为避免直接利用基本解进行后续热应力推导，一般采用多项式拟合来描述栅极组件表面温度分布的趋势。经验证，将栅极组件的温度分布以二阶多项式拟合为 $T(r) = Ar^2 + Br + C$ 的形式可以较好地满足精度需求，其中，A，B，C 均为拟合系数。

10.2.2　边缘约束下的栅极组件热应力

对于边缘约束下的栅极组件，当栅极自身具有不均匀的温度分布时，由热膨胀形成的弯曲、拉伸和剪切应力会引起热形变位移。弯曲力矩会造成结构挠度增大，尤其是对边缘约束的圆板形结构，其几何中心处的挠度会大于其他区域。拉伸应力会导致圆板结构在边缘膨胀，而由于边缘受到约束，边缘处的应力将远大于其他区域，且对于约束部件的屈服强度也有较高的要求。最后热应力产生的剪切位移，会导致整个结构的刚度降低。

边缘固定约束下栅极组件（剖面）热应力示意图如图 $10-8$ 所示。栅极初始结构近似为均匀平板结构，受热后在应力作用下会变形为拱形。其中，拉载荷趋于减小栅极结构在 z 方向的位移，而压载荷趋于增大 z 方向的位移。

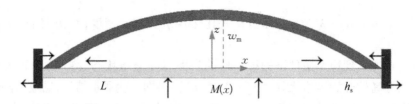

图 10 - 8　边缘固定约束下栅极组件热应力示意图

首先考虑弯曲力矩对平板结构造成的挠度影响。根据弯矩方程,得到拉应力产生的弯曲合力矩函数 $M(x)$ 为

$$M(x) = \int_A wf\mathrm{d}A = \int_0^{D_b} \varepsilon_\alpha ET(r) t_s r\mathrm{d}r \qquad (10-6)$$

式中,w 为结构挠度;M 为弯曲力矩;f 为热应力分量;E 为弹性模量;ε_α 为热膨胀系数;D_b 为栅极直径;t_s 为栅极厚度。

假设栅极边缘均被固定约束限制,不发生任何转动,则扭矩 $N = 0$。根据挠度,曲线近似微分方程为

$$\frac{\mathrm{d}^2 w}{\mathrm{d}x^2} = -\frac{M(x)}{EI_z} \qquad (10-7)$$

若仅考虑最大挠度 w_m,由于栅极的中心处温度最高,此处的挠度也最大,将前述一维热传导拟合结果代入式(10-7),得到栅极最大挠度 w_m 为

$$w_m = \frac{ML^2}{8EI_z} = \frac{\varepsilon_\alpha h_s D_b^2}{2I_z}\left(\frac{AD_b^4}{4} + \frac{BD_b^3}{3} + \frac{CD_b^2}{2}\right) \qquad (10-8)$$

式中,I_z 为惯性矩(截面为矩形时);L 为将栅极近似为平板的长度。

在得到挠度的表达式后,进一步考虑由拉应力引起的结构最大伸长量。首先近似由拉应力导致的伸长量与由挠度引起的伸长量 w 相等。根据 Bleich 等的研究,热应力导致的最大伸长量 ΔL 可表示为

$$\Delta L = \frac{1}{2}\int_0^L \left(\frac{\mathrm{d}w}{\mathrm{d}x}\right)^2 \mathrm{d}x = \frac{\pi^2 w_m^2}{4L} \qquad (10-9)$$

考虑由剪切力引起的剪切位移。栅极边缘固定约束处在受热膨胀的过程中,边缘会受到相向的剪切力作用。假设栅极横截面固定处仅有切应力而没有正应力,由于将栅极近似处理为板结构,板屈曲后的剪切位移可近似看作桁架处理。根据剪切胡克(Hooke)定律得到剪切位移 γ 的表达式:

$$\gamma = \frac{\tau}{G} = \frac{4\varepsilon_\alpha T(r)(1 + \mu)}{AE} \qquad (10-10)$$

式中，τ 为剪切应力；G 为剪切模量；A 为剪切面面积；μ 为泊松比。

代入屏栅极的相关尺寸参数，得到屏栅极中心处的最大挠度 w_m 为 0.975 mm，径向最大伸长量 ΔL 为 0.008 mm。实际栅极的整个边缘处与固定安装板之间近似为固定约束，因此忽略剪切位移量影响。

为了验证以上计算结果的准确性，仍采用有限元分析手段开展分析。模型为一均匀平板，厚度为 0.5 mm，半径为 150 mm，将其边缘处均进行固定约束，温度载荷仍按前述条件加载，得到 z 方向和 x 方向热形变结果分别如图 10-9(a) 和图 10-9(b) 所示。其中，z 方向最大形变量为 1.255 mm，x 方向最大拉伸形变量为 0.010 mm，与理论计算值基本一致。

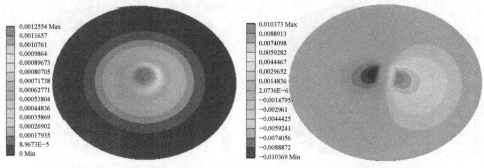

(a) z 方向热形变位移/m　　　　　(b) x 方向热形变位移/m

图 10-9　栅极组件热形变位移

以上结果均是将栅极组件近似处理为平板均匀结构后所得到的，若考虑实际栅极组件是带有一定拱高的结构，其截面为半圆环，且拱高为 15 mm，曲率半径 r_0 为 670 mm。根据截面为半圆环形状的惯性矩 I_z，如式(10-11)所示：

$$I_z = d_s (r_0 - d_s)^3 (\theta - \sin\theta\cos\theta)/8 \tag{10-11}$$

式中，I_z 为惯性矩；θ 为半圆环截面的圆心角；r_0 为曲率半径。

可以计算得到其惯性矩为 1.27×10^5 mm^4，而上述平板的惯性矩为 1.41×10^5 mm^4，因此带有拱高结构的栅极由热应力导致的几何中心处最大挠度还要大于近似为平板结构的栅极组件。

10.2.3　热应力减小优化方法

对于热应力减小优化，只能考虑降低温度或是采取应力释放措施来保持结构的刚度。从工程应用角度出发，为减少边缘受约束时栅极组件的热形变，以下几点措施可在保持栅极设计尺寸不变的条件下，降低热应力对结构的影响。

（1）选择低热膨胀系数的材料，如以石墨材料取代 Mo 材料；

（2）设计足够的位移以吸收结构的热膨胀作用；

（3）降低结构整体的温度梯度，使整体保持较小的温度差；

（4）在结构温差不变的条件下，降低结构整体的温度值。

以下分别验证采取不同的优化措施对热应力及热形变位移的影响。

石墨材料由于热膨胀系数低（$2 \times 10^{-6}/℃$），且其强度会随温度升高而加强，有望在后续的栅极设计过程中取代钼材料。为验证石墨栅极的热形变，将原有钼栅极替换为石墨材料栅极，开展热形变分析，结果如图 10-10 所示。从结果来看，在替换为石墨材料后，栅极中心处的最大挠度降低为 0.456 mm，结构伸长量降低至约 0.004 mm，相比原有钼材料，石墨材料结构整体热形变量有明显的降低。

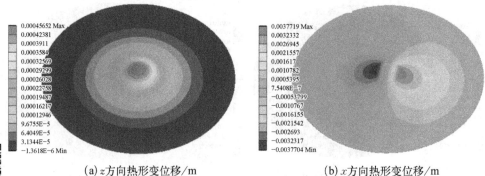

（a）z 方向热形变位移/m　　　　　　　　（b）x 方向热形变位移/m

图 10-10　栅极组件（石墨材料）热形变位移

对于热形变位移吸收装置的设计目前较为困难，主要是由于无法保持结构的整体刚度。在固定约束处采用强度较低的软性焊料进行封接可以有限度地降低结构的整体热形变位移。但目前仅通过试验获得了定性的结论，尚没有进行过定量的试验研究。

首先考虑降低栅极组件的温度梯度对热形变量的影响。以边缘约束下的栅极组件（平板结构）为模型。保持栅极边缘温度仍为 380℃，中心处最高温度分别设置为 400℃、395℃、390℃ 和 385℃。采用有限元分析的手段，对栅极组件从中心处至边缘处的挠度进行模拟，得到降低栅极中心温度后的热形变位移对比结果如图 10-11 所示。

其次考虑栅极组件整体温度值降低对热形变量的影响，仍以边缘约束下的栅极组件（平板结构）为模型。保持栅极组件最高点和最低点之间的温度差不变，将栅极组件整体温度分别降低 5℃、10℃、15℃ 和 20℃，对栅极组件从中心处至边缘处的挠度进行模拟，得到降低结构整体温度后的热形变位移对比结果如图 10-12 所示。

从结果来看，降低结构整体温度要比减小结构的温度梯度对热形变位移的影响更大，这也说明结构整体温度的分布特性对热形变的作用占主要地位。

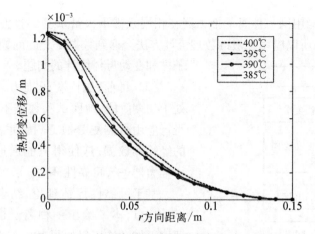

图 10 - 11　热形变位移对比 (降低栅极中心温度)

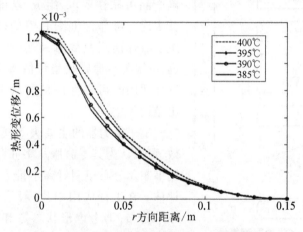

图 10 - 12　热形变位移对比 (降低结构整体温度)

综合以上分析可见,在保持栅极现有固定约束方式不变的条件下,只能通过降低栅极结构的整体温度,或是改变栅极材料来降低热应力引起的形变对结构造成的影响。

10.3　离子推力器可靠性评价技术

10.3.1　概述

在离子推力器可靠性评价中,离子推力器与电子产品显著不同,也与一般的机械产品有着明显的差异:

(1) 离子推力器的工作特性和结构比较复杂,影响工作寿命及可靠性的因素不仅多而且相互耦合,甚至部分耦合影响机理还不完全清楚。

（2）不可能用同一种离子推力器在相同条件下大量重复试验去取得足够、有代表性的数据，所以应用一般的数理统计方法会遇到数据缺乏的问题，需要解决小子样和变动母体统计的问题。

（3）目前，国内离子推力器研制水平仍处于初期阶段，地面试验数据不够充分，空间飞行应用数据更是匮乏，因而很难积累足够的经验和数据，这使得只能通过小子样对离子推力器进行可靠性评估。

基于可靠性评估理论，结合离子推力器产品特点，本节给出一种离子推力器可靠性评估工作实施流程如图 10-13 所示：首先明确产品可靠性要求、组成、功能及任务剖面；其次建立可靠性框图和模型；接下来梳理其主要故障模式及故障判据；然后根据故障判据、故障处理原则收集评估所需的数据；最后选择适用的可靠性评估方法进行评估，并给出结论和建议。

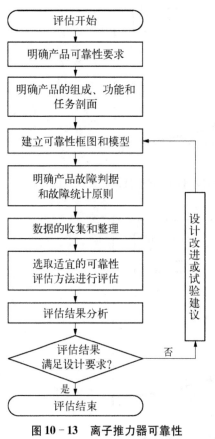

图 10-13   离子推力器可靠性
评估工作实施流程

离子推力器的主要失效模式为耗损型失效，可以认为其寿命服从韦布尔分布，因此采用韦布尔分布模型对离子推力器进行可靠性评估。在工程应用中，一般采用两参数的韦布尔分布，即考虑形状参数和尺度参数。尺度参数，即特征寿命，反映产品的设计水平及工艺水平。形状参数反映产品寿命离散程度及生产质量的一致性，生产、工艺质量越稳定，其形状参数越大[8,9]。

两参数韦布尔分布密度函数为

$$f(t) = \frac{m}{\eta_g} \left(\frac{t}{\eta_g} \right)^{m-1} e^{-\left(\frac{t}{\eta_g} \right)^m}, \ t > 0 \tag{10-12}$$

其分布函数为

$$F_t(t) = 1 - \exp\left[-\left(\frac{t}{\eta_g} \right)^m \right], \ t > 0 \tag{10-13}$$

式中，f 为失效概率密度；F_t 为失效数；m 为形状参数，其衡量寿命的离散程度，反映推力器生产质量的一致性；η_g 为尺度参数，又称特征寿命，衡量推力器寿命尺度，反映推力器的设计水平与工艺水平；t 为时间，此为推力器工作时间。

给定不同子样的试验时间 t_i、失效数 F、任务时间 t、形状参数 m，韦布尔分布进行可靠性计算的公式如下。

1. 可靠性点估计

特征寿命的点估计 $\hat{\eta}_t$ 为

$$\hat{\eta}_t = \left(\frac{\sum_{i=1}^{n} t_i^{m}}{F_t} \right)^{\frac{1}{m}} \tag{10-14}$$

则在 t 时刻可靠性点估计为

$$\hat{R}(t) = e^{-\left(\frac{t}{\hat{\eta}_t} \right)^m} \tag{10-15}$$

2. 可靠度置信下限

当产品的寿命 W 服从形状参数为 m、特征寿命为 η_t 的韦布尔分布时，在给定形状参数的条件下，W^m 服从平均寿命为 η_t^m 的指数分布，则可以将两参数的韦布尔分布转换为单参数的指数分布。

给定置信度 γ，可得到特征寿命 η_t 和可靠度：

$$\hat{\eta}_{tL} = \left[\frac{2T}{\chi_\gamma^2 (2F_t + 2)} \right]^{\frac{1}{m}}$$

$$\hat{R}_L(t) = \exp\left[-\frac{t^m}{2T} \chi_\gamma^2 (2F_t + 2) \right] \tag{10-16}$$

式中，$T = \sum_{i=1}^{n} t_i^m$；F_t 为失效数；m 为形状参数；χ_γ^2 为 χ^2 抽样分布；t 为任务时间。

由于离子推力器整机试验代价较高，不可能投入太多样本，而该产品包括不同组件，如果能从组件试验信息评估中给出整机寿命与可靠性信息，将能大大降低评定成本。

10.3.2 空心阴极工作可靠性评价

空心阴极加热丝材料的高温蒸发和冷热交变引起的加热丝微观组织改变是影响空心阴极点火可靠性的主要因素，其主要失效模式同样为耗损型失效[10-13]，寿命也服从韦布尔分布，因此也采用韦布尔分布模型对空心阴极进行可靠性评估。

对于 N 个零失效数据寿命试验，即在空心阴极失效之前试验终止。假设终止时间为 t，在置信度 C 下位置因子的确定见式(10-17)：

$$\eta_t = t \left[-\frac{\ln(1-C)}{N} \right]^{\left(-\frac{1}{m} \right)} \tag{10-17}$$

　　目前,电推进空心阴极可靠性评价仍需依赖试验。作为离子推力器的独立组件,空心阴极组件可以单独开展可靠性评价试验。2008 年美国 GRC(Glen Research Center)针对空心阴极加热器开展了可靠性验证与评价研究,采用 5 支加热器样本开展了开关次数可靠性考核试验,开机 6 min,关机 4 min 循环,3 支加热器在 13 000 次时加热丝开路失效,另外 2 支完成 10 000 次开关后停止试验,利用实验数据结合小样本可靠性评价方法,得到加热器在置信度 0.9 时,空心阴极预期 12 615 次开关的可靠度为 0.90。

　　LHC-5 空心阴极是兰州空间技术物理研究所研制的 LIPS-200 离子推力器的放电阴极。其设计寿命为开关次数大于 6 000 次、11 000 h。空心阴极发射体为 LaB_6,由此更为关心加热器开关点火可靠性,兰州空间技术物理研究所针对加热器开关点火可靠性评价开展了专项研究。

　　空心阴极点火可靠性试验共计四批次 9 支样本,其中,第一、二批次各 2 支,第三批次 1 支,第四批次 4 支。空心阴极开关次数和点火可靠性试验按照以下两种试验工况开展:

　　(1) 空心阴极加热电流 7.5 A,点火成功 1 min 后关闭,冷却 30 min 为 1 次循环;

　　(2) 空心阴极加热电流 7.5 A,点火成功后持续放电 120 min,冷却 30 min 为 1 次循环。

　　当产品寿命服从韦布尔分布时,可以通过对数韦布尔分布确定位置因子和形状因子,从而获得产品各种寿命特征的估计值。利用该方法确定了 LHC-5 空心阴极的形状因子 m 和位置因子 η 的值分别为 8.335 7 和 16 952。因此,预测的空心阴极加热器开关点火的相对概率分布曲线如图 10-14 所示。采用韦布尔分布预测的 LHC-5 空心阴极在置信度为 90% 和 95% 下的开关点火可靠性分布曲线,如图 10-15 所示。

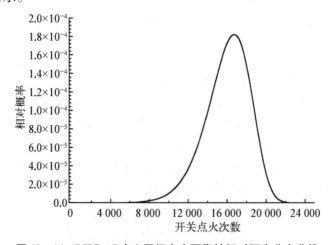

图 10-14   LHC-5 空心阴极点火可靠性相对概率分布曲线

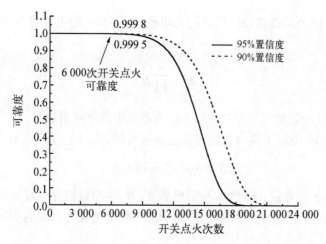

图 10 - 15　LHC - 5 空心阴极预期开关点火可靠性分布曲线

当 LHC - 5 空心阴极预期开关点火 6 000 次时,可靠度预测结果中 90% 置信度下的可靠度为 0.999 8,95% 置信度下可靠度为 0.999 5。随着空心阴极可靠性考核试验的不断积累,可靠性评价数据将会更加完善。另外,该评价结果也为推力器可靠性评价提供了数据支持。

10.3.3　栅极工作可靠性评价

栅极的栅极孔刻蚀是影响栅极可靠性的主要因素,其主要失效模式同样为耗损型失效,寿命也服从韦布尔分布,同样也采用韦布尔分布模型对栅极进行可靠性评估。由于栅极组件可靠性的评估多为单子样评估,可采用式(10 - 15)对栅极在寿命 t 时刻的可靠性进行评估。

对于国产的 LIPS - 200 离子推力器,估计结果为形状参数 $m = 8.5$,特征寿命 $\eta = 16\,706\,\text{h}$,则对于 11 000 h 工作寿命,其栅极组件的可靠度为

$$R = e^{-\left(\frac{t}{\eta_t}\right)^m} = e^{-\left(\frac{11\,000}{16\,706}\right)^{8.5}} = 0.971\,7$$

10.3.4　离子推力器工作可靠性评价

离子推力器的可靠性模型表示为离子推力器与各功能模块的关系,主要由可靠性逻辑框图和可靠性数学模型组成。在正常工作模式下,离子推力器全部功能模块都参与工作,各功能模块的可靠性模型框图为典型的串联关系,如图 10 - 16 所示。

图 10 - 16　正常工作模式下离子推力器可靠性模型框图

因为离子推力器各功能模块之间为串联单元,系统的可靠度可由式(10-18)计算得到。

$$R = \prod_{i=1}^{m} R_i \qquad (10-18)$$

式中,R_i 为第 i 个功能模块的可靠度;m 为系统中的串联模块数。

以图 10-16 中离子推力器的可靠性框图为例,式(10-18)表示为

$$R = R_1 R_2 R_3 R_4 R_5 R_6 R_7 \qquad (10-19)$$

式中,R_1 为阴极可靠度;R_2 为中和器可靠度;R_3 为栅极组件可靠度;R_4 为放电室可靠度;R_5 为阴极气路电绝缘器;R_6 为阳极气路电绝缘器;R_7 为中和器气路电绝缘器。

对于离子推力器的不同功能组件,可将其试验数据转换为指数型数据,并评估得出各组件寿命与可靠性信息,通过计算得到离子推力器的可靠性信息。

参考文献

[1] MacRae G, Zavesky R, Gooder S. Structural and thermal response of 30 cm diamter ion thruster optics [J]. Monterey: AIAA 1989-2719, 1989.

[2] Meckel N, Polaha J. Structural analysis of pyrolytic graphite optics for the HiPEP ion thruster [C]. Fort Lauderdale: AIAA 2004-3629, 2004.

[3] 孙明明,张天平,王亮. 20 cm 口径离子推力器栅极组件结构性能分析[J]. 推进技术,2016,37(7): 1393-1400.

[4] 孙明明,张天平,陈娟娟,等. LIPS-200 离子推力器热特性模拟分析研究[J]. 强激光与粒子束,2014,26(8): 084002.

[5] 孙明明,张天平,王亮. 30 cm 口径离子推力器热特性模拟分析[J]. 真空与低温,2014,20(3): 158-162.

[6] 孙明明,张天平,陈娟娟. LIPS-200 环形会切磁场离子推力器热模型计算分析[J]. 推进技术,2015,36(8): 1274-1280.

[7] 郑茂繁. 离子发动机栅极组件的热应力分析[J]. 真空与低温,2006,12(1): 33-36.

[8] 李进贤. 火箭发动机可靠性设计[M]. 2 版. 西安: 西北工业大学出版社,2012.

[9] 宋保维. 系统可靠性设计与分析[M]. 西安: 西北工业大学出版社,2008.

[10] 郭宁,江豪成,高军,等. 离子发动机空心阴极失效形式分析[J]. 真空与低温,2005,11(4): 239-242.

[11] 郭宁,邱家稳,顾佐,等. 20 cm 氙离子发动机空心阴极 3 000 h 寿命试验[J]. 真空与低温,2006,12(4): 204-207.

[12] 郭宁,唐福俊,李文峰. 空间用空心阴极研究进展[J]. 推进技术,2012,33(1): 155-160.

[13] Wen C H, Wu T M. Oxidation kinetics of LaB$_6$ in oxygen richconditions [J]. Journal of the European Ceramic Society, 2004, 24: 3235-3243.

第 11 章
离子电推进技术新发展

11.1 高功率离子电推进技术

11.1.1 高功率化的技术挑战

离子电推进的束流引出功率约占离子推力器总功率的 70%,甚至更高,离子电推进高功率化主要是以提高栅极组件功率为主导和约束的。栅极组件功率的提高,一方面是提高束电压(屏栅极电压);另一方面是提高束电流[1-3](屏栅极电流)。

离子推力器栅极组件可以近似为平面双极系统,栅极组件离子束流最大引出能力服从蔡尔德定律,即

$$J_i = \frac{4\varepsilon_0}{9}\left(\frac{2e}{m}\right)^{\frac{1}{2}}\frac{V_T^{\frac{3}{2}}}{l_g^2} \qquad (11-1)$$

式中,J_i 为离子束电流密度;m 为离子质量;V_T 为栅间电势差;d 为栅极间距。

从式(11-1)可以看出,栅极离子束流引出能力与栅极间距的平方成反比,为了提高栅极组件离子束流引出能力,栅极间距应尽可能小。离子推力器栅极组件栅极间距通常在 1 mm 左右。

考虑到栅极金属表面固有的场致发射特性,栅极间电场强度不能无限制增加,当栅极间电场超过一定阈值时,会出现栅极间的击穿放电,此时离子推力器栅极组件将无法正常工作。理想条件下,钼栅极的击穿电场为 4~5 kV/mm,碳/碳复合材料栅极为 3.5 kV/mm,石墨栅极为 2~3 kV/mm。为保证安全,实际应用中栅极电压选择相对于场致击穿电压至少要有 2 倍的安全裕度。因此,在现有栅极结构和材料下,提高栅极组件功率不能通过大幅度提高屏栅极电压实现。

在电场强度和栅极间距相互制约下,当栅极间距和栅极间电势差确定时,栅极组件引出的离子束流密度一定,因此提高离子束流的可行途径只有增加束流引出面积。由于栅极组件是由多片小间距多孔薄壁结构组合而成,面积的增加使得栅极结构热稳定性急剧下降,进而无法保证栅极间距和结构安全[4-8]。

11.1.2　环形及多环离子电推进技术

　　为了突破离子推力器束流口径增加带来的栅极结构热稳定性变差的约束,2011 年美国学者Patterson 提出环形离子电推进的概念,如图 11-1所示,即在传统离子推力器栅极中间增加支撑机构,栅极几何从圆形变为环形。

　　在结构上环形离子推力器显著区别于传统离子推力器,主要包括:

　　(1) 放电室为环形通道,而不是柱段腔或者锥段腔加柱段腔结构;

　　(2) 所采用的栅极为环形平面栅极,而不是球面栅极;

图 11-1　环形离子推力器概念图

　　(3) 放电室的磁场不同于传统环形会切场。

　　相比传统离子推力器,环形离子推力器由于放电室内壁面的增加,阳极表面积显著增大,吸收电子的能力显著增加,推力器放电功率更大。另外,相对于球面栅极,环形平面栅极的加工难度显著降低、相同径向尺度下可实现的栅极面积显著增大,可有效缓解传统离子推力器大尺寸栅极对增大束流的约束。由此可见,环形离子推力器能够实现放电功率和束流引出功率的同步协调提升。

　　NASA 格林研究中心的研究工作表明,环形离子推力器推力密度、功率和寿命分别可达到传统离子推力器的 3 倍、大于 10 倍和 10 倍,效率可以提升 3% ~ 4%。单个环形离子推力器最大功率有望提高到 100 kW。图 11-2 为 NASA 正在开发的直径为 65 cm 的环形离子推力器引束流照片,推力器最大功率可达 60 kW。

图 11-2　NASA 环形离子推力器引束流照片　　　　图 11-3　多环离子推力器概念图

　　基于单个环形离子推力器提出多环离子推力器概念,如图 11-3 所示,多环离子推力器能够进一步解决高功率扩展问题。环形和多环离子推力器也面临一系列的技术挑战,例如,环形放电室磁场位型优化设计技术、阴极与环形磁场高效匹配技术、不同环间磁场耦合技术等[9]。

11.1.3　离子与霍尔混合电推进技术

NASA 的 Patterson 等和兰州空间技术物理研究所几乎同时提出了离子与霍尔混合电推进概念,离子与霍尔混合推力器由环形离子与霍尔嵌套组成,如图 11-4 所示。离子与霍尔混合电推进不仅有效解决了推力器的高功率化,更为重要的是它兼具了离子推力器的高比冲和霍尔推力器的大推力密度优点,能够实现更宽范围的性能调节。

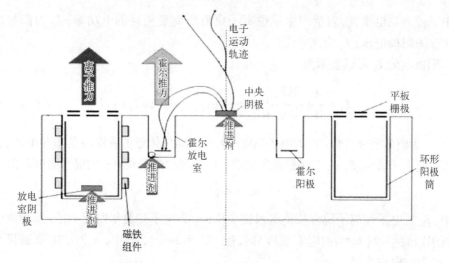

图 11-4　离子与霍尔混合推力器结构组成

兰州空间技术物理研究所正在研制 6.5 kW 离子与霍尔混合推力器实验样机,如图 11-5 所示。离子与霍尔混合电推进技术的发展,将有效缓解传统离子、环形离子和多环离子推力器推功比较低的问题[10-17]。

图 11-5　6.5 kW 离子-霍尔混合推力器实验样机

11.2　微小功率离子电推进技术

11.2.1　低功率化的技术挑战

离子推力器产生等离子体的放电损耗是影响推力器效率的主要因素。对于传统的电子轰击型离子推力器,放电损耗可以近似表示为

$$\eta_d \approx \frac{I_d V_d}{I_b} \qquad (11-2)$$

式中,η_d 为放电损耗,表示产生单位离子束流所需要消耗的电功率;I_d 为阳极电流;V_d 为阳极电压;I_b 为束电流。

阳极电流 I_d 可以表示为

$$I_d = \frac{1}{4}\left(\frac{8kT_e}{\pi M_i}\right)^{1/2} e n_e A_a \exp[-e\phi/(kT_e)] \qquad (11-3)$$

式中,k 为玻尔兹曼常数;T_e 为电子温度;M_i 为工质气体原子质量;e 为电子电荷;n_e 为放电室电子数密度;ϕ_s 为阳极鞘层电势;A_a 为吸收离子和电子的混合阳极面积。

$$A_a = 4 r_h L_c \qquad (11-4)$$

式中,r_h 为电子和离子混合拉莫尔回旋半径;r_e 为电子拉莫尔回旋半径;r_i 为离子拉莫尔回旋半径;L_c 为放电室磁极总长度,$L_c = 2n\pi r_d$,其中,n 为放电室磁极个数,r_d 为放电室半径。

式(11-2)中,I_b 被近似表示为

$$I_b = \frac{1}{2} n_e e \sqrt{\frac{kT_e}{m}} A_S T_S \qquad (11-5)$$

式中,A_S 为屏栅面积,$A_S = \pi r_S^2$,其中,r_S 为屏栅半径;T_S 为屏栅离子透明度。

将式(11-3)~式(11-5)代入式(11-1)可以得到离子推力器放电损耗与放电室结构参数的关系表达式:

$$\eta_d \approx \frac{I_d V_d}{I_b} = 2\sqrt{\frac{8}{\pi^3}} \frac{\exp[-e\phi_s/(kT_e)] V_d}{T_S} \frac{r_h}{r_S^2} \qquad (11-6)$$

式中,$2\sqrt{\dfrac{8}{\pi^3}} \dfrac{\exp[-e\phi_s/(kT_e)] V_d}{T_S}$ 对于离子推力器可以近似认为等于常数。在离子推力器中放电室口径通常与屏栅半径近似相等,即 $r_h \approx r_S = r$,因此式(11-6)可以表示为

$$\eta_d \approx C_0 \frac{1}{r} \qquad\qquad (11-7)$$

由式(11-7)可知,离子推力器放电室放电损耗近似与放电室(或栅极)半径成反比。因此,随着离子推力器低功率化,放电室半径变小,放电室放电损耗将快速升高,对应的推力器效率将急剧下降。

11.2.2　微小功率射频放电离子电推进技术

射频离子电推进放电室如本书第 6 章所述,由于射频放电室的射频线圈在放电室的外部,不存在放电室磁极面积与阳极面积比增加导致放电室放电效率增加的问题。因此,相对于电子轰击型离子电推进,射频放电型离子电推进在低功率下具有更高的效率。

德国吉森大学和美国 BUSEK 公司是小功率射频离子电推进的主要研制机构,代表性推力器如图 11-6 所示。吉森大学分别开发了功率约为 15 W、束流直径为 2 cm 的 μNRIT-2 离子推力器和功率约为 100 W、束流直径为 4 cm 的 μNRIT-4 离子推力器。美国 BUSEK 公司先后研制了 BFRIT-1、BFRIT-3、BFRIT-7 等低功率射频离子推力器,其中 BFRIT-3 射频离子推力器束流直径为 3 cm、功率为 60~100 W、推力为 1.4~2.1 mN、比冲为 1 500~2 850 s,最佳工作点比冲为 2 500 s、效率为 49%、气体工质利用率为 47%[18]。

(a) BFRIT-3射频离子推力器　　　　(b) μNRIT-2射频离子推力器

图 11-6　BFRIT-3 和 μNRIT-2 射频离子推力器实物图

微小功率射频离子电推进由于在低功率范围内效率较高,且性能宽范围连续可调节,在微纳卫星星座、立方星星座、引力波探测和地球重力场测量等空间科学探测领域具有较好的应用前景。

11.2.3　微小功率微波放电离子电推进技术

微波放电型离子电推进采用微波回旋共振方法电离工质气体,其工作原理如图 11-7 所示。

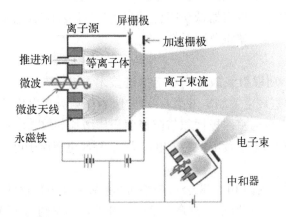

图 11-7　微波放电型离子电推进工作原理

微波放电型离子推力器的微波电极在放电室内部,放电室磁场由附加磁极产生。其主要特点包括低功率下放电室气体电离效率较高、一定功率范围内连续或多点可调节、不同类型气体工质兼容性好,因此也是低功率离子电推进的主要选择方案。

图 11-8　μ1 微波离子推力器

东京大学研制的 μ1 微波离子推力器是目前功率最低的微波离子推力器,如图 11-8 所示,离子源和中和器均由微波源驱动,功率约为 1.0 W。2014 年该推力器被用于 PROCYON 小行星探测器的巡航阶段推进任务。

11.3　超高比冲离子电推进技术

11.3.1　实现超高比冲的技术挑战

高比冲是空间推进技术永恒的追求目标。对于离子电推进,采用静电场对离子进行加速产生推力,此过程将电势能转化为离子的动能,即

$$q\Delta\phi = \frac{1}{2}mv_{ex}^2 - \frac{1}{2}mv_0^2 \qquad (11-8)$$

式中，q 为粒子所带电量；$\Delta\phi$ 为对离子产生加速度的电势差；m 为工质气体离子质量；v_{ex} 为粒子运动末速度；v_0 为粒子运动初始速度，一般可近似为 0。

离子电推进的比冲 I_{sp} 可以表示为

$$I_{sp} = \frac{v_{ex}}{g} = \sqrt{\frac{2qV_b}{M_i}} \tag{11-9}$$

式中，g 为重力加速度；ϕ_s 为屏栅极电势。式(11-9)说明，提高离子电推进比冲的措施包括提高屏栅极电压或使用原子质量更小的推进剂。

更换原子质量更小的推进剂，虽然比冲可以升高，但在引出离子电流一定的情况下，离子质量更小，推力器的推力和推功比将显著减小。因此，最有效方法只能是通过提高屏栅极电压的方式来提高比冲。

由于栅极提高离子引出能力要求较小的栅极间距，与提高屏栅极电压并防止栅极间电击穿对较大栅极间距的要求本质上是矛盾的。对于传统的双栅极和三栅极组件，屏栅极电压可提高的最大值受到限制。可见，离子电推进要实现更高的比冲，必须引入新的栅极技术方案。

11.3.2　双级加速超高比冲离子电推进技术

为突破传统双栅极和三栅极组件对实现更高比冲的限制，提出将栅极的引出聚焦与加速过程分离的新技术方案：引出过程的电势差和栅极间距与传统栅极组件相似，由式(11-1)可知，栅极的离子引出能力保持不变。在离子引出后，离子加速过程采取大间距和高电势差，以实现更高的离子喷射速度，进而实现离子电推进的超高比冲。

这种将束流离子引出聚焦与加速过程分离的方案，称为双极加速离子光学系统，对应的栅极组件称为四栅极组件，如图 11-9 所示。屏栅极与引出栅极组成"引出级"，两栅极被施加高电位，且通常屏栅极比引出栅极电势高 2 000 V 左右，"引出级"的主要作用是实现放电室离子的高效引出和聚焦，同时完成离子的辅助性一级加速。引出栅极和加速栅极组成"加速级"，通过增加引出栅极和加速栅极之间的距离来提高两栅极之间的最大电势差，一般引出栅极和加速栅极之间的电势差在 6 000 V 以上。在加速栅极施加-200 V 或者更低的负电势，一方面防止发生电子反流；另一方面保证束流聚焦性能。加速级完成离子的主导性二级加速。减速栅极电势一般为零，目的是将束流中和面向栅极方向前移，减小交换电荷离子对减速栅极的溅射腐蚀。

欧洲航天局(European Space Agency, ESA)

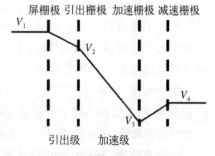

图 11-9　四栅极双极加速离子光学系统结构示意图

的研究结果表明,20 cm 口径双极加速离子电推力器功率可达 250 kW、推力为 2.5 N、比冲为 19 300 s。澳大利亚和英国等已经验证了四栅极双极加速离子光学系统实现高比冲的技术可行性[19]。

兰州空间技术物理研究所利用 10 cm 口径发散场离子源,设计了开孔区直径 6 cm 的双极加速超高比冲四栅极组件,采用氙气推进剂验证了 8 200 V 屏栅极电压下比冲达到 10 000 s。图 11 - 10 为超高比冲工况下的束流照片,测试的束流发散半角小于 5°,远好于传统栅极约 15°的发散半角。

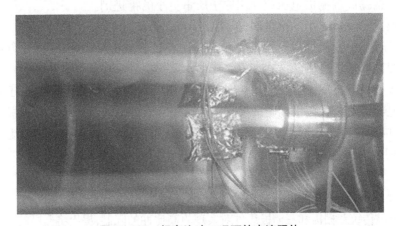

图 11 - 10   超高比冲工况下的束流照片

显然,通过在双级加速方案中增加加速级(串联加速栅极)可以实现多级加速,进一步提升离子电推进的超高比冲上限。双极加速超高比冲离子电推进的工程化研制首要目标是,成功实现氙气推进剂的上万秒比冲并应用于星际探测等任务。

11.4   无中和器离子电推进技术

电子轰击型离子推力器主放电阴极和中和器阴极的存在,一方面需要提供相应的气电供给支持,增加了系统的复杂度;另一方面阴极属于磨损性电极,是推力器失效的主要因素之一。射频离子电推进和微波离子电推进的主放电阴极用射频和微波天线取代,特别是射频离子电推进放电室内没有磨损电极,有效提高了离子推力器放电室的寿命和电推进系统的可靠性。

离子电推进的中和器阴极,不仅需要额外的供电、供气和控制,还会影响电推进的效率,特别对低功率离子电推进效率的影响更为明显。因此,下一步如何去除离子电推进的中和器,进一步提高离子电推进的寿命和可靠性,成为值得研究的新课题。

法国宇航局 Dmytro Rafalskyi 等提出了基于射频交流电源的无中和器离子推力器概念,推力器基本组成如图 11 - 11 所示。无中和器离子电推进是在栅极上施

加射频交流电,实现离子和电子(或负离子)
的交替引出。

　　法国宇航局研发了无中和器离子推力
器实验样机,推力器放电室采用 4 MHz 射频
放电类型,栅极组件的接电及电势变化如图
11-12(a)所示,图中电容的作用是直流自
偏置,用来实现束流离子的不间断引出。电
子是在图 11-12(b)所示波形的斜线区域
引出,此时屏栅极上游的等离子体鞘层出现
崩塌,从而实现了束流离子的自中和。

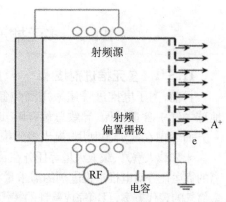

图 11-11　无中和器离子推力器基本组成

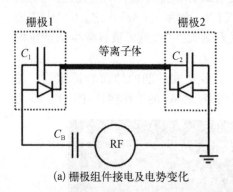

(a) 栅极组件接电及电势变化

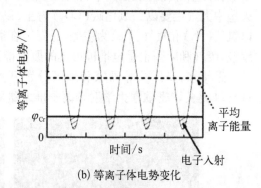

(b) 等离子体电势变化

图 11-12　自中和离子推力器栅极组件接电和电势变化

　　无中和器射频离子推力器工作原理已经获得验证,图 11-13 为无中和器离子
推力器及其工作照片,设计指标为功率 30~60 W,推力 0.2~0.7 mN,比冲>1 000 s。

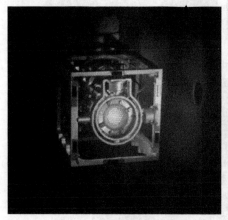

(a) 无中和器离子推力器

(b) 无中和器离子推力器工作照片

图 11-13　无中和器离子推力器及其工作照片

11.5　多元推进剂离子电推进技术

11.5.1　多元推进剂技术

目前,离子电推进普遍采用高纯氙气(Xe)作为推进剂。氙气属于稀有气体,地球大气中含量极低,导致总量有限、成本价格高。因此,一方面考虑降低成本;另一方面考虑在线资源利用,提出多元推进剂技术需求。

未来载人登月、载人火星等任务在目标星球建立永久基地,需要大量的物资,远距离的货运任务对电推进推进剂的需求量将大幅增加。为了降低任务成本,正在不断探索氙气的替代方案,目前完成验证的替代推进剂包括氪气(Kr)、碘(I)和铋(Bi)等。

在深空探测往返任务中,目标星球大气是在线原位推进剂利用的优选。例如,火星中大气主要以二氧化碳(CO_2)为主,氮气(N_2)和氩气(Ar)次之,木星中主要以氢气(H_2)和氦气(He)为主等。另外,在载人航天器中,航天员日常生活产生的废液、废气和废固也是电推进可选的原位推进剂。

近年来,美日欧等国家和地区分别开展了多元推进剂的地面验证试验。图 11-14 是美国密歇根大学射频离子推力器采用 N_2 和 Ar 的工作照片,图 11-15 为

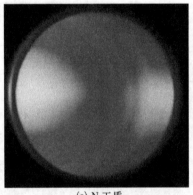

(a) N₂工质　　　　　　　　(b) Ar工质

图 11-14　美国密歇根大学射频离子推力器采用 N_2 和 Ar 的工作照片

图 11-15　美国 BUSEK 公司射频离子推力器采用 I_2 的工作照片

美国 BUSEK 公司射频离子推力器采用 I_2 的工作照片。

11.5.2　螺旋波离子电推进

为适应多元气体放电工作,最佳的选择是放电室内部无金属电极,射频和螺旋波放电具有此特点,其中,螺旋波放电能够获得更高的等离子体密度。

螺旋波属于射频波范畴,采用螺旋波激励的等离子体放电气体电离率通常大于 90%。如图 11-16 所示,螺旋波离子推力器利用栅极组件将螺旋波产生的高密度离子高效引出产生推力。

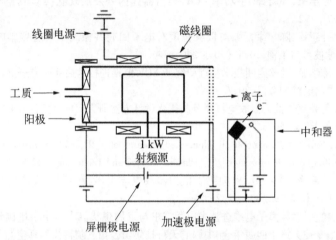

图 11-16　螺旋波离子推力器示意图

国内兰州空间技术物理研究所设计了螺旋波离子源,图 11-17 为螺旋波离子源样机和放电照片,已经验证了多种气体的适用性。

(a) 螺旋波离子源样机

(b) 螺旋波离子源工作照片

图 11-17　螺旋波离子源样机及工作照片

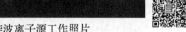

参考文献

[1]　张天平,周昊澄,孙小菁,等.小卫星领域应用电推进技术的评述[J].真空与低温,2014,

20(4)：187－192.

［2］　柯于俊.小功率电子回旋共振离子推力器技术研究［D］.北京：中国空间技术研究院,2018.

［3］　Ke Y J, Sun X F, Chen X K. Analysis of the primary experiment results on a 5 cm diameter ECR ion thruster ［J］. Plasma science and Technology, 2017, (9)：91－96.

［4］　Ke Y J, Sun X F. The Effect of the discharge chamber structre on the performance of a 5 cm diameter ECR ion thruster ［J］. Progress in Electromagnetic Research Letter, 2018,(75)：91－96.

［5］　柯于俊,陈学康,孙新锋.小功率 ECR、推力器国内外发展现状［J］.真空与低温,2017,(4)：187－192.

［6］　柯于俊,孙新锋,陈学康,等.前极靴长度对电子回旋共振离子推进器影响的数值仿真［J］.科学技术与工程,2018,(20)：340－346.

［7］　柯于俊,陈学康.兰州空间技术物理研究所 ECR 电推进技术最新研究进展［C］.北京：第十三届中国电推进会议,2017.

［8］　吴辰宸.射频离子推力器放电机理及其优化设计方法研究［D］.北京：中国空间技术研究院博士学位论文,2018.

［9］　Wu C C, Sun X F, Gu Z, et al. Numerical research of a 2D axial symmetry hybrid moedl for the radio-frequency ion thruster ［J］. Plasma Science and Technology, 2018, 20(4)：045502.

［10］　吴辰宸,孙新锋,顾左,等.射频离子推力器放电与引出特性调节规律仿真与试验研究［J］.推进技术,2019,(40)：232－240.

［11］　吴辰宸,顾左.射频离子电推进技术应用需求与发展现状［C］.兰州：中国计量测试学会真空计量专委会第十四届年会/中国航天科技集团公司五院科技委真空与低温专业组学术年会会议论文,2006.

［12］　鱼伟东.螺旋波高密度离子源技术研究［D］.北京：中国空间技术研究院,2019.

［13］　鱼伟东,张天平,温晓东,等.螺旋波离子推力器关键技术研究［J］.真空与低温,2019,25(02)：61－68.

［14］　Chen J J, Zhang T P, Liu M Z, et al. Modeling and simulation of the effect of cathode gas flow on the lifetime and performance of an annular-geometry ion engine ［J］. IEEE Transactions on Plasma Science, 2019, 47(1)：1－8.

［15］　陈娟娟,张天平.磁拓扑结构对环形离子推力器放电性能的影响［J］.中国空间科学技术,2018,38(5)：1－6.

［16］　贾连军,张天平,陈娟娟,等.双级加速离子光学系统几何参数研究［J］.激光与光电子学进展,2017,54(4)：1－8.

［17］　贾连军,张天平,刘明正,等.双级加速离子光学系统加速电压对栅极寿命影响的研究［J］.激光与光电子学进展,2018,55(4)：051202.

［18］　Masherov P, Riaby V, Abgaryan V. Evaluation of ion current density distribution on an extraction electrode of a radio frequency ion thruster ［J］. Plasma Sources Science and Technology, 2017, 26(1)：015004.

［19］　Dobkevicius M, Feili D. Multiphysics model for radio-frequency gridded ion thruster performance ［J］. Journal of Propulsion and Power, 2017, 33(4)：939－953.

主要符号对照表

A_a	电子损失面积	A_{as}	吸收离子和电子的混合阳极面积
A_{grid}	栅极面积	A_p	原初电子区的包围面积
A_θ	磁矢势角向分量	$\bar{B}$	通道内的平均磁感应强度
B_C	临界磁场	B_{op}	最佳工作磁场
B_{Z0}	射频感生磁场的峰值	d	发射体设计厚度/mm
d_0	阴极顶直径/m	d_1	挡板外径
d_2	阴极极靴内径	d_a	加速栅极的孔径
d_S	屏栅极的孔径	D	发射体内径
D_B	Bohm 扩散修正系数	D_b	束口径直径
D_d	栅极直径、放电室直径	D_S	屏栅极靴端面直径
D_K	阴极极靴内径	e	电子电量（1.6×10^{-19} C）
E_D	漂移能量项	E_k	离子加速后的动能
E_0	钨丝的功函数	E_θ	射频天线感生出的角向电场强度
f_c	等离子体密度与离子约束因子	F	推力
F_t	发散角导致的推力修正系数	F'	束流均匀度
g	重力加速度,为 9.8 m/s^2	G	剪切模量,单位为 GPa
h	球面拱高	I_a	加速电流
I_b	束电流/A	I_{ce}	发射体表面发射的热电子电流
I_d	放电电流	I_e	被阳极壁面吸收的电子电流
I_{CEX}	单个小孔的离子束形成的电荷交换电流	I_{del}	单孔离子电流
I_f	加热丝回路电流	I_p	中性气体的激发速率等效电流
I_i	在阳极壁面复合的离子电流	I_k	阴极触持极电流
I_n	中和器触持极电流	I_t	总冲

I_{sp}	比冲/s	I_{Xe}	阴极流率等效电流
I_z	惯性矩/m^4	I^+	束流 I_b 中单价离子流
I^{++}	束流 I_b 中双荷离子流	I^{++}/I^+	双荷离子与单价离子电流比
I^*	中性气体的激发速率	J_e	发射体面发射电流密度
J_i	离子电流密度	J_t	蒸发速率,即单位面积上单位时间内蒸发到环境中的质量
$J(r)$	半径 r 处束流离子密度/(A/m^2)	J_θ	感性传导等离子体电流
$j_{e\theta}$	射频电场激发的角向电流密度	k	波尔兹曼常数
k_d	磁场发散度	κ_n	中性气体热导率
K	每个孔的归一化导流系数	L_{an}	阳极长度
L_c	原初电子区的特征长度	L_{C1}	阴极极靴端面到屏栅极靴端面的垂直距离
l_{cc}	栅孔中心距	L_d	有效放电室长度
l_e	有效加速长度	l_g	栅间距
L_K	阴极极靴高度	$\dot{m}$	工质气体流率/(kg/s)
$\dot{m}_a$	阳极流率	$\dot{m}_c$	阴极流率
$\dot{m}_d$	放电室总流率	$\dot{m}_e$	单个电子质量
M	Xe 原子质量	M_a	溅射损失质量
m_i	单个离子的质量	$\dot{m}_i$	离子形式流出推力器的工质流率
$\dot{m}_p$	离子推力器总流率	M_i	工质气体离子质量
N_i	单位时间内被加速引出的离子数	n	热屏层数,栅极孔数
n_e	等离子体电子密度	n_0	中性气体密度
n_i	电离室中心的离子密度	p	气压
P_d	输入放电室的功率/W	P_{in}	推力器输入总功率
P_h	空心阴极的加热输入功率	p_i	每个离子所获得的动量,方向为离子出射方向
P_{jet}	有效功率	P_{max}	最大导流系数
P_t	传导功率	P_r	辐射功率/W
P_0	阴极管内气体压力/Pa	P_1	阴极顶辐射功率
P_2	加热器前端面辐射功率	P_3	加热器径向辐射功率
P_4	加热前后端面辐射功率	P_5	阴极管热传导损失

续　表

Q_T	离子电流流过等离子体产生的焦耳热	Q_{in}	中性原子数总量
Q_{out}	从栅极孔逃逸的中性原子电荷量	r	加速栅极孔半径
R_1	阴极可靠度	R_2	中和器可靠度
R_3	栅极组件可靠度	R_4	放电室可靠度
R_5	阴极气路电绝缘器	R_6	阳极气路电绝缘器
R_7	中和器气路电绝缘器	R_i	第 i 个功能模块的可靠度
ρ_w	钨的密度	S	发射体的有效发射面积
S_r	辐射面积/m^2	S_1	导热面积/m^2
t	时间	t_{life}	发射体蒸发损耗寿命
T	温度/K	t_a	加速栅极的厚度
t_s	屏栅极的厚度	T_a	几何透明度
T_e	电子温度	T_g	栅极的离子透明度
T_i	离子温度	T_0	包围发射体周围环境的热力学温度/K
T_1	低温端温度/K	T_2	高温端温度/K
T_S	屏栅极透明度	U^*	气体的激发电势
U^+	工质气体的电离电势	V	放电室体积
v_a	离子声速	V_a	加速电压
V_{ep}	原初电子速度	V_b	束电压
V_d	放电电压	v_e	电子平均热速度
ν_{eff}	电子有效弹性碰撞系数	$v_{e\theta}$	射频电场驱动的角向电子电流平均速度
v_0	中性气体速度	V_{ex}	氙气激发能
V_i	第一电离能	v_{ib}	离子玻姆速度
v_i	离子速度	V_0	材料溅射阈值
V_k	触持极电压	V_T	总加速电压
V_n	中和器触持电压	V_{sp}	鞍点电势
V_{spt}	蒸发速率	$\bar{v}_0$	中性原子平均热速度
Y	溅射产额	α	束发散半角;材料热膨胀系数
γ_{ei}	电子-离子碰撞频率	ρ	加热丝电阻率
ε	发射率	γ_{en}	电子-推进剂原子碰撞频率

ε_{loss}	放电损耗	ε_e	离开等离子体的电子和壁面碰撞时的平均电子能量
ε_0	真空介电常数	ε_i	离子和壁面碰撞时沉积的平均能量
η	推力器效率	δ	栅极的孔中心距补偿系数
η_d	放电室放电损耗/(W/A)	η_c	克劳辛因子
η_{md}	放电室工质利用率	η_m	工质利用率
λ	导热系数/[W/(m·K)]	λ_{ins}	发射体热导率
μ_e	磁导率	μ_0	真空中的介质磁导率
τ	电子的平均约束时间	Γ	壁面法向离子通量
σ	等离子体电导率	β	双荷离子导致的修正系数
ω	射频线圈的角频率	σ_i	电离截面积
ν_{in}	离子-中性原子弹性散射频率	ω_e	电子在放电区的振荡次数
σ^*	激发截面积	ϕ_s	鞘层电势
ϕ	等离子体相对于壁面的电势差	ϕ_{wf}	发射体材料表面功函数
$\phi_{shealth}$	鞘层电势	Ω_p	原初电子区的体积
ϕ_0	离子光学系统中性原子几何透明度		